"十三五"国家重点图书出版规划项目

画说三农书系

画说棚室丝瓜绿色生产技术

中国农业科学院组织编写

马兴云　范世杰　编著

中国农业科学技术出版社

图书在版编目（CIP）数据

画说棚室丝瓜绿色生产技术 / 马兴云，范世杰编著 . —北京：
中国农业科学技术出版社，2019.1
ISBN 978-7-5116-3724-6

Ⅰ .①画… Ⅱ .①马… ②范… Ⅲ .①丝瓜—温室栽
培—图解 Ⅳ .① S626.5-64

中国版本图书馆 CIP 数据核字 (2018) 第 111081 号

责任编辑　李冠桥　　闫庆健
责任校对　李向荣

出 版 者　中国农业科学技术出版社
　　　　　北京市中关村南大街 12 号　邮编：100081
电　　话　（010）82109705（编辑室）（010）82109702（发行部）
　　　　　（010）82109709（读者服务部）
传　　真　（010）82106625
网　　址　http://www.castp.cn
经 销 者　各地新华书店
印 刷 者　北京富泰印刷有限责任公司
开　　本　880mm×1 230mm　1 /32
印　　张　4.875
字　　数　105 千字
版　　次　2019 年 1 月第 1 版　2019 年 1 月第 1 次印刷
定　　价　35.00 元

编委会

《画说『三农』书系》

序言

《画说『三农』书系》

农业、农村和农民问题，是关系国计民生的根本性问题。农业强不强、农村美不美、农民富不富，决定着亿万农民的获得感和幸福感，决定着我国全面小康社会的成色和社会主义现代化的质量。必须立足国情、农情，切实增强责任感、使命感和紧迫感，竭尽全力，以更大的决心、更明确的目标、更有力的举措推动农业全面升级、农村全面进步、农民全面发展，谱写乡村振兴的新篇章。

中国农业科学院是国家综合性农业科研机构，担负着全国农业重大基础与应用基础研究、应用研究和高新技术研究的任务，致力于解决我国农业及农村经济发展中战略性、全局性、关键性、基础性重大科技问题。根据习总书记"三个面向""两个一流""一个整体跃升"的指示精神，中国农业科学院面向世界农业科技前沿、面向国家重大需求、面向现代农业建设主战场，组织实施"科技创新工程"，加快建设世界一流学科和一流科研院所，勇攀高峰，率先跨越；牵头组建国家农业科技创新联盟，联合各级农业科研院所、高校、企业和农业生产组织，共同推动我国农业

科技整体跃升，为乡村振兴提供强大的科技支撑。

组织编写《画说"三农"书系》，是中国农业科学院在新时代加快普及现代农业科技知识，帮助农民职业化发展的重要举措。我们在全国范围遴选优秀专家，组织编写农民朋友用得上、喜欢看的系列图书，图文并茂展示先进、实用的农业科技知识，希望能为农民朋友提升技能、发展产业、振兴乡村做出贡献。

中国农业科学院党组书记 张合成

2018 年 10 月 1 日

内容提要

《画说棚室丝瓜绿色生产技术》

　　本书以图文并茂的形式系统介绍了棚室丝瓜栽培的关键技术。内容包括：绪论，丝瓜栽培的生物学基础，丝瓜日光温室的选址与建造，适于大棚栽培的丝瓜品种，棚室丝瓜栽培管理技术，丝瓜主要病虫害的识别与防治技术，棚室丝瓜采后处理、贮藏和运输等。本书对丝瓜栽培管理的方法、常见病虫害的为害症状等配有图片，使读者能够快速掌握温室大棚丝瓜栽培的技术关键。本书的文字描述通俗易懂；栽培管理技术来源于生产实践，实用性强；所用图片拍摄于田间大棚，针对性强，便于蔬菜种植户、农技推广人员学习掌握，农业院校相关专业师生也可阅读参考。

　　《画说棚室丝瓜绿色生产技术》受到了潍坊科技学院和"十三五"山东省高等学校重点实验室设施园艺实验室的项目支持，在此表示感谢！

目 录

第一章 绪 论

一、丝瓜的起源与传播

丝瓜又名"天萝""蛮瓜""水瓜""天丝瓜""天络瓜"等，丝瓜为一年生攀缘性草本植物，原产于印度，唐末传入我国，到明代已广泛种植。

南宋中期的陆游在《老学庵笔记》中记载："丝瓜涤砚磨洗，余渍皆净，而不损砚。"

宋朝的杜北山《咏丝瓜》诗中说："寂寥篱户入泉声，不见山容亦自青。数日雨晴秋草长，丝瓜沿上瓦墙生。"

丝瓜为葫芦科攀援草本植物，丝瓜根系强大。茎蔓生，五棱，绿色，主蔓和侧蔓生长都繁茂，茎节具分枝卷须，易生不定根。中国南北方均有分布和栽培。丝瓜分为普通丝瓜（图1-1）和棱丝瓜（图1-2）二种。

图1-1 普通丝瓜

果为夏季蔬菜，所含各类营养在瓜类食物中较高，所含皂苷类物质、丝瓜苦味质、黏液质、木胶、瓜氨酸、木聚糖和干扰素等物质具有一定的特殊作用。成熟时里面的网状纤维称丝瓜络，可代替海绵用作洗刷灶具及家具。不仅可生吃，还可供药用，有清凉、利尿、活血、通经、解毒之效，还有抗过敏、美容之效。

图1-2 棱丝瓜

二、丝瓜生产的重要性

1. 丝瓜的营养

丝瓜，已成为我国秋季蔬菜的主栽品种之一，是深受人们喜食的一种优质蔬菜，嫩瓜营养丰富，不仅可以炒食、凉拌，而且做汤味道更为鲜美。丝瓜含有丰富的营养，所含蛋白质、淀粉、钙、磷、铁和维生素 A、胡萝卜素、维生素 C 等，在瓜类蔬菜中都是较高的，每百克嫩瓜含蛋白质 0.8~1.6 克，碳水化合物 2.9~4.5 克，维生素 A 0.32 克，维生素 C 8 毫克，它所提供的热量仅次于南瓜，在瓜类中名列第二。

2. 丝瓜的医疗保健功能

（1）丝瓜的医疗保健功能。常食丝瓜可有生津止渴，清热解毒，化痰止渴，解毒通便等妙用。

（2）丝瓜的汁液还是美容护肤之佳品。

① 丝瓜水的作用。

补水：丝瓜水含有糖类、植物黏液、维生素及矿物质等，可维持角质层正常含水量，减慢脱水与延长水合作用，能补充肌肤必要的水分，保持肌肤水嫩、细腻。

保湿美白：丝瓜水含有大量天然保湿因子，不黏腻的保湿成分可有效舒缓绷紧干燥的肌肤，使面部肌肤保持湿润，富有弹性，肤色靓丽、红润、洁净、白皙。

去皱：作为药材，丝瓜水能促进新陈代谢，柔和吸附老废角质，清除深层污垢，抑制黑色素细胞生成，可有效改善粗糙有皱纹的皮肤，使肌肤回复幼嫩光洁，令肤质变得柔润亮泽。

消炎：作为药材，丝瓜水具有活血通络、清热润肤作用，经常使用可有效去除面部皮肤的黑头、粉刺等。

平衡：丝瓜水性甘，温和，可调节面部皮脂分泌，对面部皮肤具有清爽，收敛，镇静，平衡的功能。

② 丝瓜水用法。

涂抹：如果面部有青春痘或痤疮，取 3~5 毫升丝瓜水直接涂抹患处。

敷脸：用纸膜充分浸透在丝瓜水中，敷脸 10 分钟左右即可，可去除肌肤多余的油脂，使脸部粗大毛孔变得细小平整、皮肤细腻而有光泽。

爽肤水：洁面后直接涂在脸上，手指轻拍脸部，直到完全被吸收。

喷雾：做成喷雾剂随身携带。

③ 丝瓜水的治疗功能。

《纲目拾遗》：治双单蛾，又可消痰火，解毒，兼清内热，治肺痈、肺痿。

《中国药植图鉴》：加白糖煮沸内服，可镇咳，又治头痛，腹痛，感冒，脚气，水肿，酒中毒等。

（3）成熟后的丝瓜，纤维十分发达，称为"丝瓜络"（图1-3)，有祛湿通经络，治疗痈肿痛症、胸肋疼痛症等功效；丝瓜的根、籽、藤、叶也均可入药。另外，老熟干后的丝瓜络在生

图 1-3 丝瓜络

活中可作为洗涤用品，同时，又可用于工业品生产中的隔音体、垫衬、过滤体等。

三、丝瓜生产现状及存在问题

目前，已成为我国秋季蔬菜的主栽品种之一。但丝瓜大多露天零星栽培，有的利用空闲地、庭院搭架栽培，管理粗放，产量较低。近几年，利用冬暖型大棚进行丝瓜高密度反季节栽培技术，使丝瓜由只在夏秋上市，成为周年上市。不仅产量大幅度提高，而且效益相当可观，亩（1 亩约为 667 平方米，全书同）收入可达 3 万 ~7 万元，堪称高产、优质、高效栽培的范例。

第二章 丝瓜栽培的生物学基础

第一节 丝瓜的植物学特性

丝瓜属葫芦科丝瓜属，是一年生攀缘性草本植物，植株繁茂。

一、根

丝瓜根系发达，吸收肥水能力强，主根入土可达 1 米以上。侧根较多，一般分布于 30 厘米的耕作层中，由于根系吸收能力强，深翻土壤和增施有机肥，有利于促进根系的发展（图 2-1-1）。

二、茎

丝瓜的茎呈五棱形，蔓生，绿色，分枝力强，丝瓜的主蔓长达 10~14 米，分枝上一般不再有分枝，每节有卷须。瓜蔓善攀缘，生长势较强（图 2-1-2）。

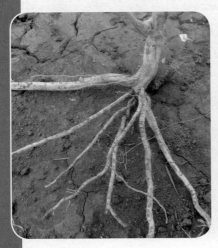

图 2-1-1 丝瓜的根   图 2-1-2 丝瓜的茎

三、叶

　　单叶互生，有长柄，叶片掌状心形，长 8~30 厘米，宽稍大于长，边缘有波状浅齿，两面均光滑无毛。叶柄粗糙，长 10~12 厘米，具有不明显的沟，近无毛。叶片三角形或近圆形，长、宽为 10~20 厘米，通常掌状 5~7 裂，裂片三角形，中间的较长，长 8~12 厘米，顶端急尖或渐尖，边缘有锯齿，基部深心形，弯缺深 2~3 厘米，宽 2~2.5 厘米，上面深绿色，粗糙，下面浅绿色，有短柔毛，脉掌状，具有白色的短柔毛（图 2-1-3）。

图 2-1-3　丝瓜的叶

四、花

　　雌雄异花同株。雄花（图 2-1-4）：通常 15~20 朵花，生于总状花序上部，花序梗稍粗壮，长 12~14 厘米，被柔毛；花梗长 1~2 厘米，花萼筒宽钟形，径 0.5~0.9 厘米，被短柔毛，裂片卵状披针形或近三角形，上端向外反折，长为 0.8~1.3 厘米，宽 0.4~0.7 厘米，里面密被短柔毛，边缘尤为明显，外面被毛较少，先端渐尖，具 3 脉；花冠黄色，辐状，开展时直径 5~9 厘米，裂片长圆形，长 2~4 厘米，宽 2~2.8 厘米，里面基部密被黄白色长柔毛，外面具 3~5 条凸起的脉，脉上密被短柔

图 2-1-4　丝瓜雄花

图 2-1-5　丝瓜雌花

毛，顶端钝圆，基部狭窄；雄蕊通常 5 枚，稀 3 枚，花丝长 6~8 毫米，基部有白色短柔毛，花初开放时稍靠合，最后完全分离，药室多回折曲。

雌花（图 2-1-5）：单生，花梗长 2~10 厘米，子房长圆柱状，有柔毛，柱头 3 个，膨大。一般在主蔓第 10 节左右开始出现雌花，以后，每节都有雌花出现，但是成瓜的比例与环境条件关系密切。

五、果实

瓠果。普通丝瓜的果实短圆柱形或长棒形，长可达 20~100 厘米或以上，横径 3~10 厘米，无棱，表面粗糙并有数条墨绿色纵沟，普通丝瓜果实如图 2-1-6 所示。

有棱丝瓜的果实棒形，长 25~60 厘米，横径 5~7 厘米，表皮绿色有皱纹，具 7 棱，绿色或墨绿色（图 2-1-7）。

图 2-1-6　普通丝瓜果实

图 2-1-7　棱丝瓜果实

未熟时肉质，成熟后干燥，里面呈网状纤维，由顶端盖裂。老熟后纤维发达，称为丝络。

六、种子

丝瓜的种子黑色或灰白色，椭圆形，千粒重80~160克。普通丝瓜种子表面光滑，有翅状边缘（图2-1-8）。

棱状丝瓜的种子表面有络纹、粗糙（图2-1-9）。

图2-1-8　普通丝瓜种子

图2-1-9　棱丝瓜种子

第二节　丝瓜的生长发育周期

一般丝瓜的生长周期为半年左右的时间，根据气候冷暖，丝瓜的一生可分为发芽期、幼苗期、抽蔓期、初花坐果期、盛果期、衰老期等六个时期。

一、发芽期

从种子萌动到第1真叶破心出叶止，需7~10天（图2-2-1）。

二、幼苗期

从第1片真叶出现到植株长到4~5片叶为幼苗期，此期为产量形成的基础时期，此时花芽已

图2-2-1　丝瓜发芽期

开始分化，环境条件的好坏对雌花分化的早晚、数量的多少及雌花质量等都有影响。在正常条件下，15~25天可完成幼苗期（图2-2-2）。

图 2-2-2　丝瓜幼苗期

三、抽蔓期

它也叫伸蔓期，从4~5片叶到雌花开放前为抽蔓期。此期需20天左右完成。这一阶段是由营养生长向生殖生长的转折过渡期（图2-2-3）。

四、初花坐果期

从现蕾到根瓜坐住，需20~25天（图2-2-4）。

图 2-2-3　丝瓜抽蔓期

图 2-2-4　丝瓜初花坐果期

五、盛果期

根瓜采收后，丝瓜即进入盛果期，一般需要50~70天，如管理得当，结果盛期可延长达5~6个月（图2-2-5）。

六、衰老期

盛果期以后直至拉秧为衰老期，1~2个月（图2-2-6）。

图 2-2-5　丝瓜盛果期

图 2-2-6 丝瓜衰老期

第三节　丝瓜对环境条件的要求

一、对温度的要求

在影响丝瓜生长发育的环境条件中，以温度最为敏感。掌握丝瓜对水、肥、土、温、湿等条件的要求的关系，是安排生长季节，获得高产的重要依据。丝瓜属耐热蔬菜，它有较强的耐热力，但不耐寒，生育期要求较高的温度。丝瓜种子在 18~22℃时发芽正常，在 30~35℃时发芽迅速。植株生长发育的适宜温度是：白天 25~28℃，晚上 16~18℃。15℃以下生长缓慢，10℃以下停止生长。

二、丝瓜对光照的要求

丝瓜是短日照植物，在短日照的条件下能提早结瓜，若日照时间长，结瓜期延长，结瓜节位提高，进入结瓜期则需要较强的光照。抽蔓期以前需要短日照和较高温度，有利于茎叶生长和雌花分化；开花结果期营养生长和生殖生长并进，需要较强的光照，有利于营养生长和开花结果。

三、丝瓜对水分的要求

丝瓜一生需要充足的水分条件，丝瓜性喜潮湿，耐湿耐涝不耐干旱，要求有较高的土壤湿度，土壤的相对含水量达65%~85%时生长最好。丝瓜要求中等偏高的空气湿度，在生长旺盛期所需的最小空气湿度不能低于55%，适宜的空气湿度为75%~85%，在栽培过程中，除初苗期外，应该始终保持地表见湿不见干，这样能充分发挥丝瓜的增产作用。

四、丝瓜对土壤养分的要求

丝瓜适应性强，对土壤要求不严，一般土壤条件下都能正常生长，但以土质疏松有机质含量高、通气性良好的壤土和沙壤土栽培最好。丝瓜生长周期长，根系发达，喜欢高肥力的土壤和较高的施肥量，特别是对氮、磷、钾肥需求较多，尤其在花果盛期，对磷钾肥需要更多。所以，在大棚栽培时，基肥要多施有机肥和磷钾肥，氮肥不宜过多，以防止引起丝瓜的徒长，延迟开花结果，甚至化瓜。

第三章 丝瓜日光温室的选址与建造

第一节 日光温室建造场地选择和规划

日光温室生产已经形成产业化，并向集中连片生产发展，需要合理地规划布局。

建造日光温室的场地，必须阳光充足，南面没有高山、树木、高大建筑物等遮光物体，地下水位低，土质疏松，并避开山口、河谷等风道及尘土、烟尘污染地带。最好靠近村庄，交通方便，充分利用已有的水源和电源，以减少投资。

选好地块，平整土地，测准方位，丈量土地面积，绘制田间规划图，然后按图施工。

绘制田间规划图，需先确定温室跨度、高度、长度，计算出前后排温室之间的距离，计算出建造温室的栋数，按缩尺 1/50 绘制出各栋温室的位置，标明尺寸，即可施工。

例如温室跨度 7 米，高 3.3 米，后屋面水平投影 1.4 米，后墙（土墙，培防寒土）厚度 1.3 米，试计算出前后排温室之间的距离。

简便的计算方法是：以温室最高点到地面的垂直距离为基数，以此基数的 2 倍加 1.2~1.3 米，再减去后屋面水平投影和后墙厚度，所得值为前后排温室之间的距离。

如温室高 3.3 米，加上卷起草苫直径 0.5 米，总高度为 3.8 米，其 2 倍为 7.6 米，加 1.2~1.13 米应为 8.8~8.9 米，减去后屋面水平投影 1.4 米，再减去后墙 1 米，前后排距离（由后排温室前底脚到前排温室后墙根）应为 6.1~6.2 米。

前后排温室间距，除了考虑不遮阳外，还应考虑挖沟取土培后墙，前后排温室之间早春扣小拱棚配套生产以及温室就地倒茬等因素，这样本例 3.3 米高、7 米跨度的温室前后间距可增加至 7.1 米，甚至再多一点。东、西两栋温室间应设 4~6 米宽的道路，以便于车辆通行。

第二节 日光温室主要结构与建造

一、立柱式温室大棚主要结构和建造

该大棚适当增加了南北向跨度，提高了棚脊高度，加大了墙体的厚度，加粗了水泥立柱，增强了水泥立柱的强度，有利于安装自动化卷帘机，具有很高的推广价值。

1. 主要结构

棚内地面比棚外地面低50厘米，即棚内面下挖50厘米。大棚总宽11米，后墙高2米，山墙顶高3.5米，墙下体厚2米，墙上体厚1米，走道宽0.8米，种植区宽8.2米。

2. 建造

立柱南北有6排，最后1排立柱高3.8米，挖穴深50厘米，最下面铺设石头或水泥打好基座，防止下陷。将立柱埋牢，地上高3.3米，南北距离第2排立柱2米。第2排立柱高3.6米，地上高3.1米，南北距离第3排立柱2米。第3排立柱高3.1米，地上高2.6米，距离第4排立柱距离2米。第4排立柱高2.2米，地上高1.8米，距离第5排立柱距离2米。

第5排立柱高1.2米，地上高0.8米，距离6排立柱0.2米。最南侧为第6排立柱（戗柱），高1.2米，地上长0.82米。采光屋面参考角平均角度24.2°左右，后屋面仰角56.6°左右。距前窗檐6米、

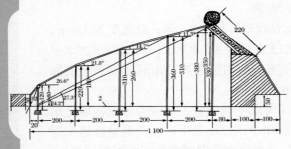

图 3-2-1 寿光立柱式大棚剖面结构
（单位：厘米）

4米、2米处和前檐处的切线角度分别是11.3°、14.7°、21.8°和26.6°左右。剖面结构如图3-2-1所示。

二、无立柱型大棚主要结构和建造

这种大棚的棚体为无立柱钢筋骨架结构，其设计是为了配套安装自动化卷帘机，逐步向现代化、工厂化方向发展。如图3-2-2所示。

图3-2-2　寿光立柱式大棚

1. 主要结构

大棚总宽11.5米，内部南北跨度10.2米，后墙高2.2米，山墙高3.7米，墙厚1.3米，走道宽0.7米，种植区宽8.5米。仅有后立柱，高4米。种植区内无立柱。采光屋面参考角平均角度26.3°左右，后屋面仰角45°左右。距前窗檐8米、6米、4米处和2米处的切线角度分别是23.34°、28.22°、34°和45°左右。剖面结构如图3-2-3所示。

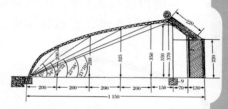

图3-2-3　寿光Ⅳ型大棚剖面结构
（单位：厘米）

2. 建造

大棚内南北向跨度11.5米，东西长度60米。如图3-2-4所示。大棚最高点3.7米。墙厚1.3米，两面用12厘米砖砌成，墙内的空心用土填实，后墙高2.2米。前面为镀锌钢管钢筋骨架，上弦为15号镀锌管，下弦为14号钢

图3-2-4　寿光Ⅳ型大棚结构

筋，拉花为 10 号钢筋。大棚由 16 道花架梁分成 17 间，花架梁相距 3 米。花架梁上端搭接在后墙锁口梁焊接的预埋的角铁上，前端搭接在设置的预埋件上。两花架梁之间均匀布设 3 道无下弦 15 号镀锌弯成的拱杆，间距 0.75 米，搭接形式和花架梁一致。花架梁、拱杆东西向用 15 号钢管拉接，前棚面均匀拉接 4 道，后棚面均匀拉接 2 道，前后棚面构成一个整体。在各拱架构成的后棚面上铺设 10 厘米厚的水泥预制板，预制板上铺 40 厘米厚的炉渣做保温层。

三、厚墙体无立柱型大棚主要结构和建造

这种大棚的棚体亦为无立柱钢筋骨架结构，是最新大棚的典型代表。

1. 主要结构

大棚总宽 15.5 米，内部南北跨度 11 米，后墙外墙高 3.1 米，后墙内墙高 4.3 米，山墙外墙顶高 3.8 米，墙下体厚 4.5 米，墙上体厚 1.5 米，走道和水渠设在棚内最北端，走道宽 0.55 米，水渠宽 0.25 米，种植区宽 10.2 米。仅有后立柱，高 5 米。种植区内无立柱。采光屋面参考角平均角度 26.3° 左右，后屋面仰角 45° 左右。距前窗檐 11 米处的切线角度为 19.1°，距前窗檐垂直地面点 11 米处的切线角度为 24.4°。剖面结构如图 3-2-5 所示。

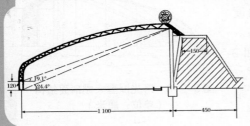

图 3-2-5　寿光最新大棚剖面结构
（单位：厘米）

2. 建造

确定后墙、左侧墙、右侧墙的地基以及尺寸。大棚内南北向跨度 15.5 米，东西长度不定，但以 100 米为宜。清理地基，然后利用链轨车将墙体的地基压实，修建后墙体、左侧墙、右侧墙，后墙体的上顶宽 1.5 米。修建后墙体的过程中，预先在后墙体上

高 1.8 米处倾斜放置 4 块 3 米长的楼板，该楼板底部开挖高 1.8 米、宽 1 米的进出口，后墙体外高 3.1 米，内墙高 4.3 米，墙底宽 4.5 米。后墙、左侧墙、右侧墙的截面为梯形，后墙、左侧墙、右侧墙的上下垂直上口为 0.9 米。

　　将后墙的上顶部夯实整平，预制厚度为 20 厘米的混凝土层，并在混凝土层中预埋扁铁，将后墙体的外墙面铲平、铲直，铲好后在后墙体的外墙面铺一层 0.06 毫米的薄膜，然后在薄膜的外侧水泥砌 12 厘米砖墙，每隔 3 米加一个 24 厘米垛，垛需要下挖，1 ：3 水泥砂浆抹光。

　　在后墙的内侧修建均匀分布的混凝土柱墩的预埋扁铁上焊接 8 厘米的钢管立柱，立柱地上面高 5 米。在后墙体的内墙面及左侧墙、右侧墙的内、外墙面砌 24 厘米砖墙，灰沙比例 1 ：3，水泥砂浆抹光。沿后墙体的内侧修建人行道，人行道宽 55 厘米，先将素土夯实，再加 3 厘米厚的砼（混凝土）层，在砼层的上面铺 30 厘米 ×30 厘米的花砖，在人行道的内侧修建水渠，水渠宽 25 厘米、深 20 厘米，水泥砂浆抹光。

　　在大棚前檐修建宽 24 厘米、高 80 厘米的砖墙，1 ：2 水泥砂浆抹光，在砖墙的顶部预制 20 厘米厚的混凝土层，在混凝土层内预埋扁铁，每隔 1.5 米 1 块。

　　用钢管焊接成包括两层钢管的拱形钢架，上、下层钢管的中间焊接钢筋作为支撑，上层为直径 4 厘米的钢管，下层为直径 3.3 厘米的钢管，钢筋为 12 号钢筋。将拱形钢架的一端焊接在立柱的顶部，另一端焊接在前檐砖墙混凝土层的扁铁上，拱形钢架与拱形钢架之间用 4 根 3.3 厘米钢管固定连接，再用 26 号钢丝拉紧支撑，每 30 厘米拉一根，与拱形钢架平行固定竹竿。

　　在立柱的顶部和后墙体顶部的预埋扁铁之间焊接倾斜的角铁，然后在后墙体顶部的预埋扁铁与立柱之间焊接水平的角铁，倾斜的角铁、水平的角铁、立柱形成三角形支架，再在倾斜的角铁外侧覆盖 10 厘米的保温板，在保温板的外侧设置钢丝网，然后预制 5 厘米的混凝土层。

四、寿光半地下式大棚主要结构和建造

1. 主要结构

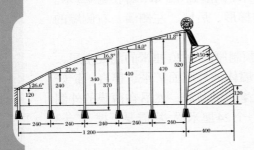

图 3-2-6 寿光半地下大棚剖面结构（单位：厘米）

大棚下挖 1.2 米，总宽 16 米，后墙高 3.3 米，山墙顶 4 米，墙下体厚 4 米，墙上体厚 1.5 米，内部南北跨度 12 米，走道设在棚内最南端（与其他棚型相反），走道宽 0.55 米，水渠宽 0.25 米，种植区宽 11.2 米。立柱 6 排，1 排柱（后墙立柱）高 5.7 米，地上高 5.2 米，至 2 排立柱距离 2.4 米。2 排立柱高 5.2 米，地上高 4.7 米，至 3 排立柱距离 2.4 米。3 排立柱高 4.6 米，地上高 4.1 米，至 4 排立柱距离 2.4 米。4 排立柱高 3.9 米，地上高 3.4 米，至 5 排立柱距离 2.4 米。5 排立柱高 2.9 米，地上高 2.4 米，至 6 排立柱距离 2.4 米。6 排立柱（戗柱）长 1.7 米，地上与棚外地面持平，高 1.2 米。采光屋面参考角平均角度 26.5° 左右，后屋面仰角 45°。距前窗檐 0 米、2.4 米、4.8 米处、7.2 米和 9.6 米处的切线角度分别是 26.6°、22.6°、16.3°、14.0° 和 11.8° 左右。剖面结构如图 3-2-6 所示。

2. 建造

取 20 厘米以下生土建造大棚墙体。墙下部厚 4 米，顶部厚 1.5 米，后墙高 3.3 米，山尖高 4 米，大棚外径宽 16 米。墙体下宽上窄，主体牢固，故抗风雪能力强。后坡坡度约 45°，加大了采光和保温能力。在后墙处，先将 5.7 米高的水泥立柱按 1.8 米的间隔埋深 0.5 米，上部向北稍倾斜 5 厘米，以最佳角度适应后坡的压力。离第 1 排立柱向南 2.4 米处挖深 0.5 米的坑，东西方向按 3.6 米的间隔埋好高 5.2 米的第 2 排立柱。再向南的第 3、第 4、第 5 排立柱，南北方向间隔均为 2.4 米，东西方向间隔均为 3.6 米，埋深均为 0.5 米。第 3 排立柱高 4.6 米，第 4 排立柱高 3.9 米，第 5 排立柱高 2.9 米。第 6 排为戗柱，高 1.7 米，距第 5 排立柱 2.4 米。立柱埋好后，在第 1 排每一条立柱上分别搭上一条直径不低于 10 厘米粗的木棒，木棒的另一端搭在墙上，在离木棒顶部 25 厘米处割深 1 厘米的斜茬，用铁丝固定在立柱上。下端应全部与后墙接触，斜度为 45°，斜棒长度 1.5~2 米。斜棒固定后，在两山墙外 2~3 米，挖宽 0.7 米、深 1.2 米、长 10 米的坠石沟，将用 8 号铁丝捆绑好的不低于 15 千克的石头块或水泥预制块依次排于沟底，共用 90 块坠石。拉后坡铁丝时，先将一端固定在附石铁丝上，然后用紧线机紧好并固定牢靠。后坡铁丝拉好后，将大竹竿（拱形架）固定好，再拉前坡铁丝。竹竿上面均匀布设 28 道铁丝，竹竿下面布设 5 道铁丝。铁丝拉好后，处理后坡。

先铺上一层 3 米宽的薄膜，然后将捆好的直径为 20 厘米的玉米秸排上一层，玉米秸上面覆土 30 厘米。后斜坡也可覆盖 10 厘米的保温板。后坡上面再拉一道铁丝用于拴草苫。前坡铁丝拉好后固定在大竹竿上，然后每间棚绑上 5 道小竹竿，将粘好的无滴膜覆盖在棚面上，并将其四边扯平拉紧，用压膜线或铁丝压住棚膜。

3. 半地下大跨度大棚的优点

（1）增加了大棚内的地温。在冬季，随着土壤深度的增加，地温逐渐增高。因此，半地下式大棚栽培比普通平地大棚栽培地温要高，实践证明，50~120 厘米深度的半地下式大棚，比平地栽培的地下 10 厘米地温要高 2~4℃。

（2）增加了大棚空间，有利于高秧作物的生长，有利于立体栽培。

（3）增加了大棚的保温性，大棚地面低于大棚外地面 50~120 厘米，棚体周围相对厚度增加，因而保温性好。加之大棚的空间大了，有利于储存白天的热量，夜晚降温慢，增加了大棚的保温性。

（4）有利于二氧化碳的储存。大棚的空间增大，相对空气中的二氧化碳就多，有利于作物生长，达到增产的目的。

（5）不破坏大棚外的土地。大棚墙体在建造过程中，需要大量的土，过去是在大棚后挖沟取土，一是不利于大棚保温，二是浪

图 3-2-7 寿光半地下大棚结构

费了土地。从大棚内取土要注意，先将大棚内表层的熟土放在大棚前，将 25 厘米以下的生土用在墙体上，要避免用生茬土种菜。这种半地下大跨度大棚土地利用率高、透光好、温湿度调节简单，代表着未来大棚的发展方向，是将来土地有偿转让兼并、实行集约化标准化生产、彻底解决散户经营、提高产品质量的有效途径。目前这种半地下大跨度大棚已得到寿光农民的广泛认可（图 3-2-7）。

第三节 拱棚主要结构及建造

一、竹木结构拱圆形大棚主要结构和建造

1. 主要结构

竹木结构的大棚是由立柱、拱杆、拉杆、压杆（三杆一柱）组成大棚的骨架，架上覆盖塑料薄膜。

立柱是大棚的是主要支柱，承受棚架、棚膜的重量，并有雨雪的负荷和受风压与引力的作用，因此要垂直。竹木立柱直径在 5~8 厘米；混凝土立柱根据水泥标号及工艺，8 厘米 ×（8~10）厘米 ×10 厘米均可。立柱的基础可用横木，也可以用砖块、混凝土墩代替柱脚石，防止大棚下沉。立柱深度一般 30~40 厘米。拱杆两端埋入地下，深 30~50 厘米，防止大风将拱杆拔起，大棚拱杆间隔 1~1.2 米，毛竹长 6~10 米，直径（粗头）5~6 厘米。拉杆距立柱顶端 30~40 厘米，紧密固定在立柱上，每排立柱都设拉杆。压杆是在扣上棚膜后于两个拱杆之间压上一根细竹竿。

2. 建造

（1）埋立柱。埋柱前先把柱上端锯成三角形豁口，以便固

定拱杆，豁口的深度以能卡住拱杆为宜。在豁口下方5厘米处钻眼，以备穿铁丝绑柱拱杆。立柱下端成十字形钉两个横木以克服风的拔力，并连同入土部分涂上沥青以防腐烂。立柱应在土地封冻前埋好。施工时，先按规格量好尺寸，钉好标桩，然后挖35~40厘米深的坑。要先立中柱，再立腰柱和边柱。腰柱和边柱要依次降低20厘米，以保持强大棚的支撑力。

（2）上拱杆。埋好立柱后，沿大棚两侧边线，对准立柱的顶端，把竹竿的大头插入土中30厘米左右，然后从大棚边向内挨个放在立柱上端的豁口内，用铁丝穿过豁口下的孔捆绑好，最后把2~3根竹竿对接成圆拱形，在用铁丝绑接的地方，都要用草绳缠好，以免扎破薄膜。

（3）绑纵拉杆。用纵拉杆沿棚长方向把立柱和拱杆连接起来，使棚架成一整体。

（4）扣膜。选晴暖风小的天气一次扣完。按棚的长度，把粘好的薄膜卷好，从棚的迎风侧向顺风侧覆盖，要把薄膜拉紧、拉正，不出皱褶。四边的余幅放在沟里，用土埋上，踏实。

（5）上压杆。用竹竿作压杆的，要用铁丝把竹竿连接起来，压在两行拱架中间的薄膜上面，再用铁丝穿过薄膜后把上压杆绑在纵拉杆上。用8号铁丝作压杆的，要用草绳把铁丝缠好压在面薄膜上，两头固定在地锚上。地锚用石块、木杆和砖做成，上面绑一根8号铁丝，埋在距离大棚两个山墙半米处，埋深40厘米，以增强抗风能力。

（6）安门。便于出入大棚，在大棚两头各设一个门，一般高

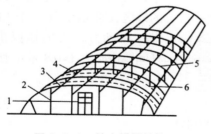

图 3-3-1　竹木拱棚结构

图 3-3-2　竹木拱棚

1.9~2 米，宽为 0.9 米，用方木作框，钉上薄膜即可（图 3-3-1、图 3-3-2）。

二、钢架结构拱圆形大棚主要结构和建造

1. 主要结构

长度：全钢架塑料大棚的建造长度可依地块而定，以 50~80 米为宜。

跨度：跨度以 8.5~15 米为佳，单拱结构即可满足设计需要，各地可根据地形及经济能力适当调整。跨度过小，则相对投入成本过高，钢材材料浪费较大；如跨度过大，需另加立柱，或做桁架结构，则直接投入增大（图 3-3-3）。

图 3-3-3　全钢架结构塑料大棚

肩高与脊高。全钢架结构塑料大棚的肩高一般设计在 1.0 ~1.3 米。用于果树等较高作物种植的大棚，肩高可以提高至 1.6~1.8 米，同时需在拱杆腿部和拱面处加装斜撑杆，以提高大棚的承载能力。全钢架结构塑料大棚脊高一般在 2.7~3.3 米。跨度 8.5 米的塑料大棚脊、肩垂直高差以 1.9 米为宜。这种结构有三大优点：一是形成的拱面对太阳光反射角小、透光率高；二是能充分使用钢管的力学性能，最大化的利用拱杆的抗拉、承压性能；三是解决了棚面过平导致滴水"打伤作物"的问题。

拱杆间距，指相邻两道拱杆之间的水平距离，一般为 0.8~1.0 米，避风或风力不超过 6 级的地区，拱间距应不大于 1.0 米。在风力较大的地区拱杆间距应不大于 0.8 米（图 3-3-4、表 3-3-1）。

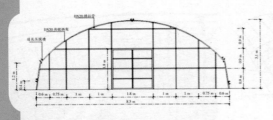

图 3-3-4　跨度 8.5 米全钢架结构塑料大棚标准剖面

表 3-3-1　钢架结构拱圆形大棚主要结构参数

跨度（米）	脊高（米）	长度（米）	肩高（米）	基础埋深（米）	骨架间距（米）
7.0	2.7	50~60	1.0	0.4	0.8~1.0
8.0	2.9	50~60	1.2	0.5	1.0
8.5	3.1	50~60	1.2	0.5	1.0
9.0	3.3	50~60	1.3	0.5	1.0
12	3.8	60~80	1.6	0.6	1.0
15	4.0	60~80	1.8	0.6	1.0
20	4.3	80~100	1.8	0.6	1.0

拱架及拉杆、斜撑杆：拱架选用热镀锌全钢单拱结构，拱架、横拉杆、斜撑杆均选用天 N20 钢管（外径 26.0 毫米，壁厚 2.8 毫米）。

基础：基础材料选用 C20 混凝土。

棚膜：棚膜首选乙烯——醋酸乙烯（EVA）薄膜，也可选用聚乙烯（PE）或聚氯乙烯（PVC）膜，厚度 0.08 毫米以上，透光率 90% 以上，使用寿命 1 年以上。

固膜卡槽：选用热镀锌固膜卡槽（有条件也可采用铝合金固膜卡槽），镀锌量 ≥ 80 克/米 宽度 28.0~30.0 毫米，钢材厚度 0.7 毫米、长度 4.0~6.0 米。

卷膜系统：在大棚两侧底部安装手动或电动卷膜系统。

防虫网：选择幅宽 1.0 米的 40 目尼龙防虫网，安装于两侧底通风口。

压膜线：采用高强度压膜线（内部添加高弹尼龙丝、聚丙丝线或钢丝），抗拉性好，抗老化能力强，对棚膜的压力均匀。

2.建造

（1）基础施工。确定好建棚地点后，用水平仪材料测量地块高程，将最高点一角定位为 ±0.000，平整场地，确定大棚四周轴线。沿大棚四周以轴线为中心平整出宽 50 厘米、深 10 厘米基槽。夯实找平，按拱杆间距垂直取洞，洞深 45 厘米，拱架调整到位后插入拱杆。拱架全部安装完毕并调整均匀、水平后，每个拱架下端做 0.2 米 ×0.2 米 ×0.2 米独立混凝土基础，也可做成 0.2 米宽、0.2 米高的条形基础；混凝土基础上每隔 2.0 米预埋压膜线挂钩。

（2）拱架施工。拱架采用工厂加工或现场加工，塑料大棚生产厂商生产设备专业，生产出的大棚拱架弧形及尺寸一致。若现场加工，需在地面放样，根据放样的弧形加工。拱杆连接，在材料堆放地就近找出 20 米 ×10 米水平场地一块，水平对称放置 2 个拱杆，中间插入拱杆连接件，用螺丝连接。拱杆安装，将连接好的拱杆沿根部画 40 厘米标记线，2 人同时均匀用力，自然取拱度，插入基础洞中，40 厘米标记线与洞口平齐，拱杆间距 0.8~1.0 米。春秋季节大风天气较多的地区，拱杆间距取下限，风力较小地区拱杆间距取上限。

（3）拉杆安装。全部拱杆安装到位后，用端头卡及弹簧卡连接顶部的一道横拉杆。一个大棚 1 道顶梁 2 道侧梁，风口等特殊位置需要加装 2 道，共安装 5 道拉杆。拉杆单根长 5 米，40 米长的大棚，3 道梁需要拉杆 24 根。连接拉杆时先将缩头插入大头，然后用螺杆插入孔眼并铆紧，以防止拉杆脱离或旋转。上梁时，先安装顶梁，并进行第一次调整，使顶部和腰部达到平直；再安装侧梁，并进行第二次、第三次调整，使腰部和顶部更加平直。如果整体平整度有变形，局部变形较大应重新拆装，直到达到安装要求。安装拉杆时，用压顶弹簧卡住拉杆压着拱架，使拉杆与拱架成垂直连接，相互牵牢。梁的始末两端用塑料管头护套，防止拉杆连接脱落和端头戳破棚膜。拉杆安装要求每道梁平顺笔直，两侧梁间距一致，拱架上下间距一致，拉杆与拱架的几个连接点形成的一个平面应与地面垂直。

（4）斜撑杆安装。拱架调整好后，在大棚两端将两侧 3 个拱架分别用斜撑杆连接起来，防止拱架受力后向一侧倾倒。拉杆安装完后，在棚头两侧用斜撑杆将 5 个拱架用 U 型卡连接起来，防止拱架受力后向一侧倾倒。斜撑杆斜着紧靠在拱架里面，呈"八"

字形。每个大棚至少安装 4 根斜撑杆，棚长超过 50 米，每增加长度 10 米需要加装 4 根。斜撑杆上端在侧梁位置用夹褙与门拱连接，下端在第 5 根拱管入土位置，用 U 型卡锁紧，中部用 U 型卡锁在第 2、第 3、第 4 根拱架上。

（5）棚门安装。大棚两端安装棚门作为出入通道和用于通风，规格为 1.8 米 ×1.8 米。棚门安装在棚头，作为出入通道和用于通风，南头安装 2 扇门，竖 4 根棚头立柱，2 根为门柱，2 根为边柱，起加固作用；北头安装 1 扇门，竖 6 根棚头立柱，中间 2 根为门柱，两侧各竖 2 根边柱。立柱垂直插入泥土，上端抵达门拱，用夹褙固定。大棚门高 170~180 厘米，门框宽 80~100 厘米，门上安装有卡槽。棚门用门座安装在门柱上，高度不低于棚内畦面。门锁安装铁柄在门外，铁片朝内。

（6）覆盖棚膜。上膜前要细心检查拱架和卡槽的平整度。薄膜幅宽不足时需黏合，可用黏膜机或电熨斗进行黏合，一般 PVC 膜黏合温度 130℃，EVA 及 PE 膜黏合温度 110℃，接缝宽 4 厘米。黏合前须分清膜的正反面，黏接要均匀，接缝要牢固而平展。

需提前裁剪好裙膜，宽度 60 厘米。上膜要在无风的晴天中午进行，应分清棚膜正反面。将大块薄膜铺展在大棚上，将膜拉展绷紧，依次固定于纵向卡槽内，在底通风口上沿卡槽固定。两端棚膜卡在两端面的卡槽内，下端埋于土中。棚膜宽度与拱架弧长相同，棚膜长度应大于棚长 7 米，以覆盖两端。

（7）通风口安装。通风口设在拱架两侧底角处，宽度 0.8 米，底通风口采用上膜压下膜扒缝通风方式。选用卷膜器通风口时，卷膜器安装在大块膜的下端，用卡箍将棚膜下端固定于卷轴上，每隔 0.8 米卡一个卡箍，向上摇动卷膜器摇把，可直接卷放通风口。大棚两侧底通风口下卡槽内应安装 40 厘米宽的挡风膜。

（8）覆盖防虫网。在大棚两侧底角放风口及棚门位置安装。底通风口防虫网安装时，截取与大棚室等长的防虫网，宽度 1.0 米，防虫网上下两面固定于卡槽内，两端固定在大棚两端卡槽上。

（9）绑压膜线。棚膜及通风口安装好后，用压膜线压紧棚膜。压膜线间距 2.0~3.0 米，固定在混凝土基础上预埋的挂钩上。

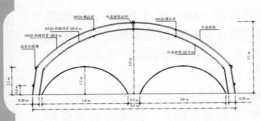

图 3-3-5 跨度 8.5 米塑料大棚多层覆盖示意

（10）多层覆盖。根据种植需要可进行多层覆盖（图 3-3-5）。在距外层拱架 25~30 厘米处加设内层拱架，内层拱架间距 3.0 米，内外两层拱架在顶部连接。还可在大棚内用竹竿或竹片加设 1.2~1.5 米高的小拱棚。

第四节 抗雪蔬菜大棚建造技术

2010 年 2 月 28 日 16 时至 3 月 1 日 3 时，山东寿光遭遇了 20 年来的最大降雪，降雪量达到了 25.6 毫米，地面积雪逾 20 厘米，约有 30% 的蔬菜日光温室发生变形，5% 左右倒塌，给寿光及周边地区日光温室蔬菜生产造成严重损失。设施蔬菜频频遭受灾害性天气危害，尤以雪灾最重。分析并弄清雪灾造成日光温室变形和倒塌的原因，可以为我国日光温室的优化设计和合理建造提供借鉴。

一、变形和倒塌的部位和时间

日光温室变形和倒塌均发生在前屋面的前半部 5 米以内。这里的变形是指日光温室前半部分的拱形面变平或凹陷，倒塌是指日光温室前屋面前半部分的局部塌陷或由此引起的大部分塌陷。

降雪于 2010 年 3 月 1 日凌晨 3 时左右基本停止，日光温室变形和倒塌大多发生在当日上午 10 时左右，到下午 3 时后，基本不再发生。

二、变形和倒塌的原因

由于降雪时温度较高，日光温室前屋面积雪的底部先开始融化，引起上部积雪下滑，积聚在前半部的积雪厚度达 50 厘米以上，突然增加的荷载造成了日光温室的前部发生变形倒塌。

未能及时清除积雪的日光温室变形和倒塌较多，也有部分日光温室是在清除积雪的过程中发生了变形和倒塌。原因是在清除下半部分积雪过程中，上半部分的积雪沿防雨膜（也叫浮膜）下滑，使积雪积聚于前部产生了较大的压力。

三、影响日光温室变形或倒塌的因素

一是日光温室变形和倒塌与前部倾角密切相关，前屋面前部倾角越大，变形和倒塌越少，反之则越多。

二是日光温室建造年限越久变形倒塌越多，近两年新建日光温室基本上没有变形和倒塌。但是 2007 年以前建设的，特别是建造 5 年以上的日光温室变形和倒塌的较多。其主要原因是钢管产生锈蚀，管壁变薄，支撑能力降低。建造 3 年以上的竹木结构日光温室，由于竹竿腐烂，支撑力变弱，变形乃至倒塌较多。

三是设有立柱的日光温室变形和倒塌较少，特别是在前屋面前部 2 米内设有立柱的日光温室变形和倒塌的较少，无立柱日光温室变形和倒塌较多。

四是前部留有渗水沟的日光温室变形和倒塌较少，主要是日光温室上的积雪下滑后，一部分滑到渗水沟中，减轻了对日光温室前部的压力，渗水沟较深和较宽的日光温室很少发生形变。近几年来，寿光有不少日光温室下挖了 1~1.5 米，日光温室前部（前脸处）地表也下挖掉了 0.5 米左右，为了避免雨水流到温室中，均在日光温室前部设计了 1~1.5 米深的渗（雨）水沟。这类棚室变形、倒塌的较少。

五是及时清除积雪的日光温室变形倒塌较少，寿光市孙家集街道岳寺韩村村委会同志及时组织村民从 2 月 28 日夜间 10 时开始清除日光温室积雪，全村 400 多个温室没有一个倒塌，仅有 3 栋轻微变形。其他地区从 3 月 1 日才开始清除积雪，日光温室变形倒塌较多。

六是日光温室跨度与变形倒塌关系不大，近几年建设的日光温室跨度不断增大，部分温室的跨度达到 14 米。下沉式日光温室在这次雪灾中经受住了考验，极少变形和倒塌。实践证明：在

一定的范围内，如果设计合理、材料选择和施工质量有保障的前提下，日光温室跨度大小与是否变形和倒塌无明显相关性。

四、对今后日光温室设计和建造的启示

近几年来，各地建造日光温室结构类型较多，建材选择较为复杂，建筑质量也难以保证。通过对这次雪灾情况的分析，一般认为今后日光温室设计和建造应该注意以下问题。

1. 日光温室设计

按照当地降雪量，要充分考虑日光温室各部位的荷载要求。同时应适当加大前屋面前部（3米）的倾角，使上部积雪顺利下滑到地面。

竹木混凝土结构的大跨度日光温室在前屋面前沿部一定要设立立柱，增强垂直支撑力。

2. 建筑材料要求

选择高强度材料，钢管壁的厚度对其支撑力强度有很大影响，同时，钢管壁越厚，其耐锈蚀能力越强。无论选用何种材料，均应满足荷载要求。

3. 竹木结构

日光温室应该在4~5年进行一次竹竿更新。对于钢管建造的日光温室，也应根据建材要求定期进行除锈和防腐处理。日光温室应用的钢丝应在5年左右更换一次。

4. 渗水沟设计

下挖式大跨度日光温室的渗水沟设计，不仅要考虑渗水功能，而且还要考虑蓄雪要求。可根据当地降雨量和降雪量进行设计。寿光渗水沟一般按24小时内降雨量60毫米进行设计，可实现夏季防雨冬季防雪的目的。

第四章 适于大棚栽培的丝瓜品种

第一节 丝瓜品种的选购

一、不同茬口丝瓜品种的选择

1. 对环境的适应性强

棚室冬春茬丝瓜和早春茬丝瓜品种要求在低温和弱光条件下能正常生长结瓜，在高温和高湿条件下结瓜能力强，对大棚环境的适应能力强，对管理条件要求不严，意外伤害后恢复能力要强。

2. 抗病性好

棚室栽培的丝瓜品种要求对病毒病、霜霉病、枯萎病、根结线虫病有较强的抗性。

3. 根据消费习惯选择丝瓜品种

不同的地方消费习惯有很大的差异，一般我国南方喜欢食用普通丝瓜，而我国北方喜欢食用棱丝瓜。因此根据丝瓜主要销售地区选择相应的品种。

二、适宜栽培的丝瓜品种

适宜栽培的丝瓜早、中熟品种有寿光长绿丝瓜、寿光中绿丝瓜、济南棱丝瓜、夏棠1号丝瓜、三喜丝瓜、夏优丝瓜、丰抗丝瓜等；晚熟品种有武汉白玉霜丝瓜、四川线丝瓜、广东青皮丝瓜、广东八棱丝瓜、粤农双青丝瓜、绿龙丝瓜。

第二节　丝瓜优良品种介绍

一、碧绿丝瓜

图 4-2-1　碧绿丝瓜

（1）品种来源。该品种系海南省农业科学院蔬菜研究所育成。

（2）品种特征。植株蔓生，生长势旺。第一雌花着生于主蔓 8~12 节，主侧蔓均结瓜。瓜呈长条棒形，皮色碧绿，具 10 棱，棱墨绿色，瓜肉白色、柔软、味甜，瓜条头尾大小匀称，商品率高，品质好。中早熟，生育期 120 天左右，从播种至始收约 60 天。瓜长 60~70 厘米，横径 4.5~5.5 厘米，单瓜重 500~600 克，雌花率 50% 左右，连续结瓜能力较强，亩产可超过 4 000 千克。耐贮运。耐寒、耐涝能力较强，适应性广。抗霜霉病、疫病能力较强（图 4-2-1）。

二、凯迪丝瓜

（1）品种来源。由荷兰引进的杂交一代种。

（2）品种特征。该品种为杂交一代品种，植株长势旺盛，早熟性好，耐热抗寒，果长 40 厘米左右，皮色鲜艳，顶部有鲜花，亩产 12 000 千克，适合春秋保护地、露地栽培，需鲜花灵处理，一般亩定植 3 800 株，吊蔓整枝，增产潜力大（图 4-2-2）。

三、寿光长绿丝瓜

（1）品种来源。寿光菜农

图 4-2-2　凯迪丝瓜

筛选的适宜大棚栽培的长果优质丝瓜品种（图4-2-3）。

（2）品种特征。植株蔓生，蔓长4米以上。叶片为掌状5裂单叶。长、宽均25厘米左右。花黄色。商品瓜长棒形，果皮绿色，皮薄，瓜长70~90厘米，横径3~5厘米，上下粗细均匀，单瓜重250~550克。瓜肉白色，无筋，味甜质嫩，品质上乘。结瓜早，主蔓第5~第8节出现第一雌花，第10节结第一瓜。节

图4-2-3　寿光长绿丝瓜

成性特别强，一般每隔3~5节结一瓜，肥水条件好时，连续2~4节每节结瓜。雌花授粉后12~15天，瓜粗达到3~5厘米时，可采收上市。

四、寿光中绿丝瓜

（1）品种来源。寿光菜农筛选的适宜大棚栽培的中果形优质丝瓜品种。

（2）品种特征。植株蔓生，生长健壮，分枝力强。保护地栽培节节现雌花。瓜长圆柱形，果皮淡绿色，瓜果肉厚、乳白色，品质上乘，瓜长50~60厘米，横径4厘米，单瓜重300~500克。耐热、耐涝、耐老；耐旱力较差（图4-2-4）。

五、皖绿1号

（1）品种来源。1999年安徽省

图4-2-4　寿光中绿丝瓜

农业科学院园艺研究所、长丰县三十头乡农业综合服务站共收集丝瓜品种资源24份进行田间种植鉴定，从中筛选出6份材料。

图 4-2-5　皖绿 1 号

从 1999 年开始定向选择，通过本地夏繁，多代选择提纯，至 2002 年年底获得了 WS—01—WS—05 5 个稳定自交系。WS—01 自交系选自长丰县地方丝瓜品种（图 4-2-5）。

（2）品种特征。具有早熟、坐瓜节位低、雌性强、果皮深绿无棱沟、抗病耐热、果实刀口不褐变、结果期长等特点，该品种生长势强，较抗丝瓜霜霉病和白粉病；早熟，第 1 雌花节位 5~6 节；瓜条匀直，皮色翠绿，果肉脆嫩、味甜，果面光滑无棱，炒食、烧汤不褐变；瓜长 30~40 厘米，横径 3.5~4.5 厘米，单果重 250~350 克，亩产量在 2 500 千克左右。

六、五叶香丝瓜

图 4-2-6　五叶香丝瓜

（1）品种来源。江苏地方品种。

（2）品种特征。极早熟，坐瓜节位低，第 5 节结第一瓜。节成性特别强，一般每节都能结瓜。商品瓜圆柱形，肉厚，瓜长 26~30 厘米，横径 6.5 厘米，单瓜重 500 克。香味浓，商品性好。该品种耐低温、耐月光、早期易坐果。适宜密植，抗病虫能力强（图 4-2-6）。

七、白玉霜长丝瓜

（1）品种来源。武汉地区当家品种。

（2）品种特征。茎蔓分枝力强，主蔓第 15~ 第 20 节开始着生雌花，瓜呈长圆棒形，长 60~70 厘米，横径 4~5 厘米，瓜皮淡绿色并有白色斑纹，单瓜重 300~500 克。该品种适应性强，耐热，耐涝，丰产。在一般栽培条件下，可亩产 4 000~5 000 千克（图 4-2-7）。

八、江蔬一号丝瓜

（1）品种来源。江蔬一号丝瓜系江苏省农业科学院蔬菜研究所选育的长棒形丝瓜一代杂种。

（2）特征特性。该品种以主蔓结瓜为主，连续结瓜能力强，肥水充足则可同时坐果 3~4 条；早春气温较低时，一般花后 10 天左右可采收，盛果期一般花后 6~7 天即可采收。商品瓜长棍棒形，上下粗细基本匀称，瓜皮较光滑，绿色，色泽好，瓜面有绿色条纹；商品瓜长度，前期一般在 30~40 厘米，盛果期在 45~55 厘米，后期在

图 4-2-7　白玉霜长丝瓜

40~50 厘米；商品瓜粗度，前期横径在 3.5~4 厘米，盛果期在 4~4.5 厘米，后期在 4 厘米左右；商品瓜品质好，果肉清香略甜，绿白色，肉质致密细嫩，耐老化，口感好；瓜商品性好，卖相佳；单瓜重 200~400 克，高的可达 450 克；耐贮运；

图 4-2-8　江蔬一号丝瓜

抗病毒病和霉病；每亩产量 4 000~5 000 千克（图 4-2-8）。

九、蓉杂丝瓜 2 号

（1）品种来源。成都市农林科学院园艺研究所以从江苏引进的地方品种 14 号经 6 代自交定向选育而成的 14—5—4—4—13—

图 4-2-9　蓉杂丝瓜 2 号

3—1 做母本，以从成都农家丝瓜品种 6 号经 6 代自交定向选育而成的 6-3-4-10-3-6-21 做父本配制的杂交一代新品种（图 4-2-9）。

（2）品种特性。早熟，春播从播种到采收 82 天左右，主蔓始瓜节位 8.0 节，植株长 4~9 米，平均 6.5 米，生长势强，分枝性强。商品瓜棒形，花蒂小，果实纵径 27.7 厘米，横径 3.6 厘米，单果重 261.9 克，种子椭圆形，平滑，白色。连续坐果能力强。肉质细嫩，清香味浓，纤维少，口感好，品质优，商品性好。

十、荷兰美特中绿

（1）品种来源。由荷兰引进的高产线丝瓜品种。

（2）品种特征。遗传性状稳定，植株蔓生，叶掌状形，五裂，绿色。主蔓结瓜为主，主蔓第 8~ 第 10 节着生第一雌花，果实长 45~50 厘米，横径 5~6 厘米，瓜条端直，皮绿色，单瓜重 400~500 克，肉质细腻柔软，纤维少，质脆味佳。早熟、播种至

图 4-2-10　荷兰美特中绿

初收 45~50 天，延续采收期 60~70 天，坐果率高，适应性广，耐热、耐湿，全国各地适宜，大型基地首选（图 4-2-10）。

十一、美绿二号丝瓜

（1）品种来源。美绿二号丝瓜是广东省农业科学院良种苗木

繁育中心最近推出的杂交丝瓜新品种。

（2）品种特征。该品种长势旺，抗病力强，耐热，在夏秋季高温季节生长很好，早熟，第一雌花节位低。单果重 500~600 克，瓜长 60 厘米左右，横径 5.0~5.5 厘米，头尾匀称，皮色绿，梭墨绿，品质好。坐果性好，高产，亩产 3 000~4 000 千克（图 4-2-11）。

图 4-2-11　美绿二号丝瓜

十二、天香丝瓜

（1）品种来源。杂交一代丝瓜新品种（图 4-2-12）。

（2）特征特性。早熟杂交种，耐低温，抗病、丰产，果实长条形，40~45 厘米，粗 5

图 4-2-12　天香丝瓜

厘米。果皮亮绿色，皮薄，纤维少，不易老化，品质好，产量高，亩产 3 000~4 000 千克。

十三、夏棠一号丝瓜

（1）品种来源。华南农业大学园艺系培育的品种（图 4-2-13）。

（2）特征特性。植株生长势强，

图 4-2-13　夏棠一号丝瓜

主蔓第 10 ~ 第 12 节开始着生第一朵雌花，雌性强，结瓜多，瓜呈长棒形，皮青绿色，棱 10 条，棱色墨绿，皮薄肉厚，纤维少，维生素 C 含量高，对高温高湿适应性强，大棚栽培亩产 4 000~5 000 千克以上。

图 4-2-14　白丝瓜

十四、白丝瓜

（1）品种来源。从国外引进栽培成功的珍稀良种（图 4-2-14）。

（2）特征特性。植株外观与普通丝瓜相似，但叶片较深绿，茎粗，节间较短，分枝多，长势强。开花结瓜后，从幼瓜至成品瓜，通体呈玉白色，并带有隐纹，瓜条圆棒状。长 40~70 厘米，横径 6~8 厘米。单瓜重 0.5 ~2.0 千克，一般亩产 4 000 千克，高产达 5 000 千克。该品种没有普通丝瓜的硬皮和涩味，外皮薄而酥软，纤维少，肉厚，味甜，有一种独特的香气，风味极佳。

白丝瓜 3—6 月播种，主蔓第 8 节起开始开花结瓜，收获上市早，持续采收期 90 天以上；如果采用冬季温室大棚进行生产，则可周年结瓜上市。

十五、线丝瓜

（1）品种来源。四川的农家品种（图 4-2-15）。

（2）特征特性。该品种生长势强，叶面较光滑，掌状裂叶，有少量白色茸毛，主蔓第 10 ~ 第 12 节开始着生雌花，瓜长 80~90 厘米，

图 4-2-15　线丝瓜

细长棒形，皮色深绿，有细的皱纹，品质好，抗热耐湿，大棚种植亩产 5 000 千克以上。

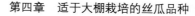

十六、鲁丽丝瓜

（1）品种来源。荷兰进口，杂交一代（图4-2-16）。

（2）特征特性。中长型丝瓜品种，植株生长势强，叶片中等，主蔓结瓜为主，瓜码密，回头瓜多，瓜条生长速度快。抗病性强，耐低温、弱光。瓜条顺直皮翠绿、有光泽，瓜长45厘米左右，顶部有鲜花，品质极佳，生长期长，不早衰，不歇秧，前期产量极高，亩产15 000千克以上，适合日光温室越冬茬及早春茬栽培。

图4-2-16　鲁丽丝瓜

十七、广东八棱瓜

（1）品种来源。广州郊区品种。

（2）特征特性。茎稍粗壮，具明显的棱角，被短柔毛。卷须粗壮，下部具棱，有短柔毛。叶柄粗壮，棱上具柔毛，长8~12厘米；叶片近圆形，膜质，长、宽均为15~20厘米，常为5~7浅裂，上面深绿色，粗糙，下面苍绿色，两面脉上有短柔毛。果实圆柱状或棍棒状，具8~10条纵向的锐棱和沟，没有瘤状凸起，无毛，长15~30厘米，径6~10厘米。该品种耐热，耐湿，大棚栽培亩产4 000~5 000千克，山东寿光地区多有种植（图4-2-17）。

图4-2-17　广东八棱瓜

图 4-2-18　美国碧玉

十八、美国碧玉

（1）品种来源。美国碧玉是由美国最新引进一代杂交丝瓜新品种（图 4-2-18）。

（2）品种特性。本品种彻底克服了以往丝瓜拔节长、产量低、抗病差等特点，碧玉丝瓜具有拔节短、抗病特强、产量特高优点，瓜条长为 45~50 厘米，瓜条整齐，瓜色嫩绿色，肉厚心腔小，肉质硬，本品种是早春、越夏、秋延、越冬拱棚首选品种。

图 4-2-19　春帅丝瓜

十九、春帅丝瓜

（1）品种来源。春帅丝瓜为重庆市农业科学院培育品种（图 4-2-19）。

（2）品种特性。特早熟，第 5 ~ 第 7 节坐第一瓜，基本上每个节位都有瓜，瓜短筒形，皮皱，表面有白色茸毛，肉厚质嫩，瓜长 25~30 厘米，直径 4.5 厘米，单瓜重 250 克左右，亩产 4 500 千克。

二十、绿胜 1 号

（1）品种来源。绿胜 1 号丝瓜为广州市蔬菜研究中心育成（图 4-2-20）。

（2）品种特征。中早熟，春、秋植，主蔓结果为主，连续结果能力强。商品性好，

图 4-2-20　绿胜 1 号

瓜长 57.3 厘米，横径 4.6 厘米。

二十一、绿胜 2 号

（1）品种来源。绿胜 2 号丝瓜为广州市农业科学研究所育成（图 4-2-21）。

（2）品种特性。春、秋植，早中熟，瓜长 55.7~59.7 厘米，横径 4.2~4.6 厘米，平均单瓜重 403 克，品质好，抗炭疽病，高抗疫病，抗枯萎病。

图 4-2-21　绿胜 2 号

二十二、雅绿一号

（1）品种来源。雅绿一号丝瓜为广东省农业科学院蔬菜研究所育成。

（2）品种特性。春、夏、秋季种植，早熟，瓜长 55 厘米，横径 5 厘米（图 4-2-22）。

图 4-2-22　雅绿一号

二十三、雅绿二号

（1）品种来源。雅绿二号丝瓜为广东省农业科学院蔬菜研究所育成（图 4-2-23）。

（2）品种特性。早熟，春、秋植，瓜长 54.5 厘米，横径 4.8 厘米。

图 4-2-23　雅绿二号

二十四、粤优丝瓜

（1）品种来源。粤优丝瓜为广东省农业科学院蔬菜研究所育成。

图 4-2-24 粤优丝瓜

图 4-2-25 万宝丝瓜

瓜为广州金苗种子公司生产。

（2）品种特性。早熟性好，播种至初收期57天，苗势中，坐果性好，产量高，耐热性好，商品瓜瓜条匀称，瓜长60厘米，

图 4-2-27 宝绿二号丝瓜

（2）品种特性。春、秋植，中早熟，生长势和分枝力强，皮色绿白有花点，瓜长约50厘米，横径约5厘米（图4-2-24）。

二十五、万宝丝瓜

万宝丝瓜为华南农业大学园艺种苗开发中心育成，早中熟，播种至初收期60天，苗势强，坐果性好，商品瓜瓜条匀称，棱沟浅，瓜长60厘米，横径5厘米，适合夏、秋种植（图4-2-25）。

二十六、雅美绿丝瓜

（1）品种来源。雅美绿丝

图 4-2-26 雅美绿丝瓜

横径5厘米（图4-2-26）。

二十七、宝绿二号丝瓜

（1）品种来源。宝绿二号丝瓜为广州鸿海种苗有限公司生产（图4-2-27）。

（2）品种特性。早熟性好，瓜长

棒形，头尾均匀，瓜长 60~75 厘米，横径 5 厘米，肉质密，味甜，广州地区适播期 12 月至翌年 4 月，7—9 月。

二十八、绿源 3 号

（1）品种来源。杂交一代品种。

（2）品种特性。植株生势强，分枝性中等，叶片绿色。从播种至始收春季 60 天、秋季 40 天，延续采收期春季 46 天、秋季 37 天，全生育期春季 106 天、秋季 77 天。第一朵雌花着生节位春季 7.5 节、秋季 14.0 节，第一个瓜坐瓜节位春季 9.3 节、秋季 15.6 节。瓜呈长棍棒形，瓜色深绿。瓜长 56.7~58.6 厘米，横径 4.76 厘米。瓜外皮无花斑，棱沟深，棱色墨绿。单瓜重 447.2~466.0 克，单株产量 1.45~1.60 千克（图 4-2-28）。

图 4-2-28　绿源 3 号

二十九、翠绿王

（1）品种来源。由荷兰引进，最新选育而成的一代杂交种（图 4-2-29）。

（2）品种特性。瓜圆棒形，长 40 厘米左右，直径 5 厘米，瓜皮嫩绿色，瓜条顺直，肉厚有弹性，特耐长途运输，果肉白色，肉质细嫩，口感极佳，从播种到初瓜为 60 天左右。

单果重 300 克左右，亩产量 10 000 千克以上。喜肥、喜水、忌涝。

图 4-2-29　翠绿王丝瓜

三十、兴蔬美佳

（1）品种来源。该品种由湖南省农业科学院蔬菜研究所选育而成的杂交一代种（图 4-2-30）。

（2）品种特性。生长势强，极早熟。植株蔓生，分枝力强，节间较短，蔓长4米左右。主蔓结瓜为主，第一雌花节位6~7节，主蔓结瓜为主，连续坐果能力强，耐肥水；果实圆筒形，绿色，束腰不明显，不易裂果，商品瓜纵径28~30厘米，横径5.0厘米左右，口感绵甜，食味好，品质佳；单瓜质量约400克，该品种适应性强，平均亩产3 500千克左右。

图4-2-30 兴蔬美佳

三十一、荷兰绿秀丝瓜

（1）品种来源。本品种由荷兰引进最新育成的早熟丝瓜品（图4-2-31）。

（2）品种特性。植株生长旺盛，早熟性好，耐热抗寒。果皮嫩绿色，瓜条顺直，有光泽，瓜条长约45厘米左右，吊蔓整枝，丰产潜力大。耐运输，亩产20 000千克左右。适合拱棚、露地及大棚越冬和越夏栽培。

图4-2-31 荷兰绿秀丝瓜

三十二、长沙肉丝瓜

（1）品种来源。湖南省长沙市地方品种，1984年由长沙市蔬菜科学研究所提纯复壮选育成的优良品种（图4-2-32）。

（2）品种特性。植株蔓生，生长势强，主蔓长约10米，粗0.9厘米，节间长13.5厘米，叶片浓绿色，掌状5裂或7裂。主蔓第8~第12节着生第一雌花，雌花节率50%~70%。分枝性强，以主蔓结瓜为主。瓜条呈圆筒形，长约35.7厘米，横径7厘米左右，心室 3~4 个，少数 5 个，单瓜重约 500 克。嫩瓜外皮绿色、粗糙，皮薄，被蜡粉，有 10 条纵向深绿色条纹，花柱肥大短缩，果肩光滑硬化，果肉厚 1.6 厘米，肉质柔软多汁，煮食甘甜润口，品质佳。为保持其娇嫩，采收时瓜脐带花上市。早熟品种。亩产 4 000~5 000 千克。耐热，不耐寒，耐渍水，忌干旱，适应性广，抗性强。

图 4-2-32 长沙肉丝瓜

三十三、青首白玉丝瓜

（1）品种来源。青首白玉丝瓜是绿亨育种专家整合利用国内外野生丝瓜资源，通过远缘杂交而获得的高品质丰产型杂交丝瓜创新型品种。

（2）品种特性。植株蔓生，长势旺盛，连续坐果能力强；瓜长棒形，商品瓜瓜身白色，皮薄光滑、有光泽，瓜柄顶端翠绿色，故名"青首白玉"，商品性外观非常好；果肉浅绿白，肉质紧实，与普通丝瓜相比具有口感细腻、味甜清香、烹调后不变褐色、营养保健价值更高之独特优势，色、香、味俱佳，现已成为高品质丝瓜的代表品种，新特菜种植基地的首选。无论是炒食还是做汤都不会褐变，令菜肴绿意盎然，充满新鲜感，让人看着就胃口大开；入口更觉肉质细腻，鲜爽可口，清甜中透着一股淡淡的清香，再细细品味仍觉香而不腻，清而不淡，可谓丝瓜中的极品，色、香、味俱佳（图 4-2-33）。

图 4-2-33 青首白玉丝瓜

第五章　棚室丝瓜栽培管理技术

第一节　丝瓜育苗技术

一、丝瓜种子的催芽

（1）浸种。将净选的丝瓜种子放入 55℃ 的温水，搅拌至温度为 25℃ 左右时，用手稍加搓洗，然后再继续浸泡 12 个小时左右，改用凉清水冲洗。

（2）覆盖湿润的纸或者纱布遮光保湿。

（3）丝瓜种子的发芽的适宜温度在 28~30 ℃，放于环境温度 25~32℃ 下，以 28℃ 左右最佳，此温度条件下易形成壮苗，保持湿度在 40% 左右，2~3 天就会胚根突破种皮（图 5-1-1），然后进行播种即可。

图 5-1-1　胚根突破种皮

（4）一般来说丝瓜直播发芽率比较低，特别是早春，最好是催芽露白后才播种。如果育苗栽培丝瓜苗一定要在长出第一张真叶前移栽，否则会影响成活率。播后 4~5 天出苗，出苗后 3 天即可定植。

（5）另外值得注意的是：浸种后如果用布吸干种皮上的水分，然后晾置 1 个小时，再放入垫有湿透的纸或布的容器中，覆上湿透了的纸或布发芽，效果会更加好。种子浸种后种皮的通透性影响了种子的发芽率和发芽势，只有经过吸干种皮上的水分，并晾置一定时间的处理后，才能提高种皮的通透性，从而提高其发芽率和发芽势。

二、棚室丝瓜育苗营养土的选择与配制

1. 棚室丝瓜育苗营养土的选择与配制

棚室丝瓜育苗好坏是棚菜生产成功与失败的关键。育苗土配制是否科学合理又是育好苗的主要条件。配制育苗土应做到以下几点。

（1）床土配制时间。最好在育苗前 20~30 天配制好育苗土，并将配制好的育苗土堆放在棚内，使一些有害物质发酵分解。

（2）床土准备的数量。一般每株丝瓜苗需准备育苗土350~450 克，每立方米育苗土可育苗 2 300~2 500 株。每亩大棚丝瓜需育苗 3 000~4 000 株，共需育苗土 1.4~2 立方米。

（3）准备田土。一般从最近 3~4 年内未种过瓜果类的园地或大田中挖取，土要细，并筛去土内的石块、草根以及杂草等。

（4）准备有机质。有机质的主要作用是使育苗土质地保持疏松、透气。通常选用质地疏松并且经过充分腐熟的有机肥，适宜的有机肥为马粪、羊粪等，也可以用树林中的地表草土、食用菌栽培废物等。鸡粪质地较黏，疏松作用差，也容易招引腐生线虫、地蛆等地下害虫，不宜用来配制营养土。有机肥要充分与土混拌。

（5）准备化肥、农药。按照每方育苗土使用氮磷钾复合肥1 000~2 000 克、多菌灵 200 克、辛硫磷 200 毫升的比例准备化肥和农药。或加入硫酸铵和磷酸二氢钾各 1 000~15 000 克。但不能用尿素、碳酸氢铵和二铵来代替，也不宜用质量低劣的复合肥育苗。因这些化肥都有较强的抑制菜苗根系生长和烧根的作用。

（6）床土配制方法。将田土与有机质按体积比为 4 ∶ 6 进行混合。混合时，将化肥和农药混拌于土中，辛硫磷为乳剂，应少量加水，配成高浓度的药液，用喷雾器喷拌到育苗土中。

（7）堆放。配好的育苗土不要马上用来育苗，应培成堆，用塑料薄膜捂盖严实，堆放 7~10 天后再开始育苗。

2. 丝瓜育苗营养土配制应注意的问题

丝瓜育苗土配制不合理容易出现下列问题。

（1）有机质含量过高，没有充分进行腐熟，发酵过程中产生大量热量，造成烧根、烧苗、坏死，影响苗全苗齐。

（2）土壤黏性过大，容易造成秧苗土壤板结、表面裂缝，土温低，秧苗生长不良、老化。

（3）取用了重茬的土壤，容易含带同类病菌、害虫等造成秧苗的非正常死亡。

（4）无机肥含量过多，造成烧根。

（5）有机无机肥肥料与土壤混合不均匀，使得肥料相对集中，容易造成烧苗。

3. 丝瓜育苗床营养土消毒

丝瓜育苗床营养土消毒方法如下。

（1）药剂消毒。常用福尔马林、井冈霉素、氯化苦、溴甲烷、甲基托布津、多菌灵、敌百虫等。

用0.5%福尔马林喷洒床土，喷后混合均匀密封堆置5~7天，然后揭开药膜使药剂气味挥发，可以有效地防止苗床猝倒病和菌核病。

用井冈霉素溶液在播种前喷洒床土表面，能够有效地防止苗期病害。

配制营养土时，每立方米营养土加入70%甲基托布津或50%多菌灵100克，或90%敌百虫20克，或雷多米尔5~7克。

（2）物理消毒。太阳能消毒、蒸汽消毒等。

太阳能消毒法是在播种前，把地翻平整好，用透明吸热薄膜覆盖好，晴天土壤温度可升至50~60℃，密闭15~20天，可杀死土壤中的多种病。

床土消毒工作量大，费工费力。

欧美国家常采用蒸汽进行床土消毒，对预防猝倒病、立枯病、枯萎病、菌核病等有良好的效果。具体做法是，将备用土壤堆积，覆盖，然后通蒸汽，利用产生的高温消毒，一般持续 7 天，这种方法消毒没有任何毒害产生。

4. 丝瓜育苗基质有何特点

基质理化性良好，富含有机质，质地蓬松疏软，通气性，保水、保肥性优越，pH 值酸碱适中，能有效抑制有害病菌的产生，能促使幼苗根群发达、苗株生长健壮，提高成苗率；施于田间可使土壤活性化。

用于丝瓜种子育苗的 72 穴盘每立方米基质可育 10 000 多棵，含珍珠岩比例为 25% 的基质，夏天可适量增加珍珠岩的用量，冬季可适当减少用量（表 5-1-1）。

表 5-1-1　基质成分

N（%）	P（%）	K（%）	pH 值	腐殖质（%）	有机质（%）	电导率（25℃）
2.5	0.5	0.5	5.8	12	78	0.012

5. 丝瓜工厂化育苗基质的配制

生产中一般采用泥炭、蛭石和珍珠岩等轻基质材料作育苗基质，而不采用土壤的育苗方法。丝瓜育苗常用的基质配方是泥炭：蛭石为 2：1，或泥炭：蛭石：珍珠岩为 2：1：1，由于基质育苗基质没有养分，幼苗生长所需要的养分需要另外提供，一般每立方米育苗基质加入复合肥 3~4 千克、过磷酸钙 3~5 千克，配制育苗基质时所加入的杀菌剂和杀虫剂种类和数量同有土育苗。如果在配制育苗基质时没有添加肥料，则需要在出苗后定期浇灌营养液。

三、丝瓜的播种

1. 苗床播种

（1）划块。将苗床浇透水，然后用刀划成 10 厘米 ×10 厘米的方块。

（2）播种。将催好芽的丝瓜种子，平放在每一个方块营养土的中央。

（3）苗床覆土。棚室丝瓜育苗，盖土时间的早晚、土粒的粗细和盖土的厚薄，都会影响出全苗和培育壮苗。浇水播种后，要等水渗干再盖土。盖土以团粒结构好、有机质丰富、疏松透气不易板结的土壤为宜。盖土厚度一般 0.5~1 厘米，不能超过 1 厘米。如果覆土太薄，容易出现种子戴帽出土，严重影响幼苗的质量；如果覆土太厚，延长发芽时间，降低苗的质量。覆土的厚度一般不要超出种子直径 1~2 倍。

2.丝瓜穴盘育苗

（1）基质装盘。将配好的基质加水混合均匀，以用手抓一把基质用力一握，指缝中有水渗出而不滴水为宜，然后填到穴盘中用木板划平。

（2）开穴。用其他的 10~12 个空穴盘放到填好基质的穴盘上对齐，用力压下，拿起后在每一

图 5-1-2　丝瓜穴盘育苗开穴

个穴的中央留下播种穴（图 5-1-2）。

（3）播种。将催好芽的丝瓜种子，平放在每一个穴的中央（图 5-1-3）。

（4）覆土。把加水混好的基质覆盖在种子上面，厚度一般 0.5~1 厘米，不能超过 1.5 厘米。如果覆盖基质太薄，容易出现

图 5-1-3　丝瓜穴盘播种

种子戴帽出土，严重影响幼苗的质量；如果覆盖基质太厚，延长发芽时间，降低苗的质量。

四、播后管理

1. 小拱棚覆盖

播种后在苗床上隔 1 米插一小拱杆并覆盖薄膜保温保湿。

2. 分苗

在播后 2~3 天出苗，一叶一心时分苗，一钵栽丝瓜一株，栽后浇水用小拱棚覆盖，保温保湿，促进缓苗。

3. 温、湿度管理

从播种到子叶微展，保持较高的温度和湿度，苗床温度 25~30℃，空气相对湿度 80% 以上。从子叶展开到分苗前，白天保持温度 25~30℃，床温保持 16~20℃，分苗至缓苗期床温 10~28℃，缓苗至种植期 10~20℃。苗床干燥或幼苗萎蔫时要及时浇水。定植前 7 天开始炼苗，床温降低到 10~12℃，幼苗 3 叶 1 心时定植。

4. 苗期病虫害防治

主要猝倒病，发病初期喷 75% 百菌清 500 倍液，或 50% 多菌灵 500 倍液，7~10 天喷一次，连喷 2~3 次。

第二节　日光温室冬春茬丝瓜栽培技术

利用日光温室在秋季育苗，初冬定植于大棚，将开花结果期安排在春节前后的季节里，这种方式是难度最大、效益最好的一种栽培方式。

此茬结果时间一般从当年的 11 月底到翌年的 5 月，结瓜时间长，上市期正值冬春缺菜期，价格高，经济效益好。

一、冬春茬丝瓜生育期间的环境特点及主要问题

在秋末气温开始下降时开始育苗（一般 8 月中旬至 9 月下旬），

育苗期间温度和光照比较适宜，容易成功。定植后气温开始下降，光照逐渐减弱，不利于丝瓜植株生长。因此棚室结构必须合理，保温效果好，还要严格按照科学的技术管理，才能在不良的环境条件下，维持丝瓜的正常生长。

冬春茬丝瓜生产必须采用合理的冬暖大棚。根据冬春季节的气候特点，冬暖大棚必须有良好的采光屋面角度和最好的保温性能。在山东寿光市多采用保温性能极好的半地下式冬暖大棚，这种冬暖大棚的采光屋面角度为25°~32°，后墙和山墙的厚度为2米以上，覆盖无滴性好、透光率高、耐低温性强的优质薄膜。整个大棚保温性好、贮热能力强。

二、育苗

1. 品种选择

日光温室冬春茬丝瓜品种要求在低温和弱光条件下能正常生长结瓜，在高温和高湿条件下结瓜能力强，抗病性好，对大棚环境的适应能力强，对管理条件要求不严，意外伤害后恢复能力要强。适宜栽培的丝瓜品种有早中熟品种有济南棱丝瓜、夏棠1号丝瓜、三喜丝瓜、夏优丝瓜、丰抗丝瓜等；晚熟品种有武汉白玉霜丝瓜、四川线丝瓜、广东青皮丝瓜、广东八棱丝瓜、粤农双青丝瓜、绿龙丝瓜。

2. 确定适宜的播种期

丝瓜从播种到采收商品嫩瓜所用的天数因品种不同而异，一般早熟和早中熟品种为80~90天，中晚熟和晚熟品种为100~110天，要保证冬春茬丝瓜在12月中旬开始采收商品嫩瓜，元旦春节期间能形成批量商品瓜上市，其适宜的播种期一般为：早熟和早中熟品种应于9月上旬播种；晚熟品种应于8月中旬播种。

3. 育苗在日光温室中进行，苗床加扣小拱棚。

播种前先用10%磷酸三钠浸种20~30分钟，捞出洗净，再用25℃的温水浸泡5小时，漂洗掉种皮黏液，用湿纱布包好放在 30℃条件下催芽，待 90%种子露白时播种。苗床昼温控制在 25~30℃，夜温不低于 15℃。幼苗出齐后适量放风，苗床白天温度保持在 20~25℃，夜温 12~15℃，以免造成秧苗徒长。

三、定植

定植前施底肥、整地

（1）定植前 20 天。整地定植前结合翻整地，每亩施腐熟鸡粪 3 000~4 000 千克，猪粪等优质厩肥 6 000~7 000 千克、过磷酸钙 80~90 千克，尿素 20~30 千克，深翻 30 厘米，结合深翻把肥料均匀地施入整个耕作层，整平耙匀后。对于 5 年以上的冬暖大棚，应增施 100~150 千克微生物肥。

（2）喷药和高温闷棚、灭菌消毒。在定植日期之前 12~15 天施肥、深翻后，随即对棚室内中间的所有表面喷药灭菌，一般喷洒 5%菌毒清 100~150 倍液，亩大棚的内面喷药液 100~150 千克。然后密封大棚，高温闷棚消毒 3~5 天，晴天中午前后棚室内温度可达 60~70℃。

（3）起垄、开穴定植。大棚反季节栽培丝瓜，宜采取整枝留单蔓吊架，高度密植。多采取 180 厘米宽的南北向起垄，每垄定植两行，窄行宽 60~70 厘米作低畦；宽行距跨垄沟，110~120 厘米（垄沟宽 40~50 厘米）；平均行距 90 厘米，株距 37 厘米，亩密度 2 000 株左右。垄面呈弓形，垄沟至垄面的垂直高度 20 厘米。取苗时力求带土坨，以减轻伤根。定植时开大窝，施饼肥，即每墩施充分发酵腐熟的豆饼 100 克左右，使其与墩内土壤充分混合均匀，然后栽苗，留墩窝，浇水后再全封墩，使土埋苗垛而不埋子叶节。全棚定植完毕，覆盖幅宽 1.8~2.0 米的地膜，然后于膜下沟内浇足定植水。

（4）小苗定植。冬春茬丝瓜一般育苗时间安排在 9 月下旬，小苗苗龄需 30 天左右，到 10 月下旬时定植。定植后棚室温度、光照等环境有 40 天左右的适宜期。进入 12 月中旬外界气温比较低，光照相对很弱，植株生长受到抑制，营养生长速度减慢。在生产中大苗移栽后 40 天时间，秧子能长出十几片叶，就开花结瓜，到环境不适应时，植株生长量太小，制造营养也少，很难维持连续结瓜，会造成营养不良化瓜。小苗定植后，营养生长势强，在环境条件较适宜的时间内，植株生长量较大，到外界进入低温寡照时期，生长受抑制后，生殖生长自然开始，这时植株叶面积较大，制造营养相应要多一些，结瓜后能使果实缓慢生长。光照、温度开始回升时，就能进入产量高峰期，总产量和效益都比较可观。

小苗移栽以 4 片叶，总叶面积 120 平方厘米，株高 13~15 厘米，叶色深绿，根系发达，幼苗下胚轴 0.3 厘米，无病虫害，日历苗龄 30 天左右为宜。定植时，先平整土地，按 80 厘米行距开沟，施肥后顺沟浇小水，把沟封成垄，垄高 15 厘米、宽 25 厘米。由于越冬期间光照弱，为使植株能够多见光，定植的密度比早春小，按 45~50 厘米 1 株定植，一般每亩定植 1 700~1 800 株。定植后，两垄覆盖一块地膜，隔一人行走道再盖两垄。冬季浇水时，只浇地下膜，人行道不浇水，可减少空间湿度，保持较高地温，菜农称为膜下"暗浇水"。定植后，棚膜密闭升温，不超过 35℃不放风，促进地温上升，加速生根、缓苗。3 天后缓苗结束，开始进入正常温度管理，白天温度 28~30℃、夜间 15~17℃。

（5）定植后的管理。

① 环境调控：丝瓜喜强光、耐热、耐湿、怕寒冷，为防止低温寒流侵袭，对反季栽培的冬春茬丝瓜，必须及时做好光照、温度调节。在当地初霜期之前半个月，把冬暖大棚的棚膜、草苫上好。遇寒流霜冻，要提前关闭冬暖大棚的通风门和覆盖草苫保温，使温室内夜间最低气温不低于 12℃，白天气温不低于 20℃。

冬春茬大棚丝瓜伸蔓前期，正处日照短、光照强度较弱、外界气候已寒冷的冬季。就短日照而言，有利于促进植株加快发育，花芽早分化形成，降低雌花着生节位，增加雌花数量。但从伸蔓到开花坐果这一生育阶段来说，则需要较长的日照、较高温度、强光照，才能促进植株营养生长和开花结果。因此，在此期管理上要适当早揭晚盖草苫，相对增加采光时间。张挂聚酯镀铝反光幕，往栽培床上增加反射光照。在连续阴雪雨天气要采用日光灯增加温室内光照强度。白天缩短通风时间，减少通风量，夜间增加覆盖保温。通过增光、增温、保温措施，使室内光照、温度控制在：光照时间最短不少于每日8小时；昼温20~28℃，夜温12~18℃；凌晨短时最低气温不低于10℃。昼温不可过高，过高易造成植株徒长，延迟开花结果。

冬春茬丝瓜进入持续开花结果盛期，植株也进入营养生长和生殖生长同时并进的阶段。此阶段植株生长发育需要强光、强日照、高温、8~10℃的昼夜温差。所处季节从12月下旬，经过冬、春、夏三季，可到秋季的9月，持续结瓜盛期长达270余天。在光、温管理上，应加强冬、春季的增光、增温和保温，尤其加强1—2月的光照和温度管理，使室内气温控制在：白天24~30℃，最高不超过32℃；夜间12~18℃，凌晨短时最低气温不低于10℃；遇到强寒流天气时，室内最低气温不能低于8℃。因丝瓜耐湿性强，为了保温可减少通风排湿次数和通风量。

进入3—4月，随着日照时间延长和光照强度增大，上午揭草苫后，棚温上升快，到11时可达30℃以上，要注意及时通风降温，晴天可既开天窗，又开前窗（揭开前檐下的底脚膜），长时间通风，使棚温不高于32℃。

进入5月之后，大棚通风要撩起檐下前窗膜和大开天窗，昼夜通风，使棚室内气温与外界的昼夜气温基本相同，只是中午前后的最高气温略高于外界。为了防止有翅蚜虫和白粉虱借大棚通风之机从通风窗口迁入棚内，可于天窗和前窗等所有通风窗口设置避虫网（25~40目的尼龙纱网）。

②肥水管理：从定植到开花始期，丝瓜株体较小，需水需肥量少。在定植前施足底肥、定植时又施饼肥的情况下，一般不需追肥。在灌足定植水，又采用地膜覆盖保墒的情况下，一般浇1~2次水即可。

进入持续开花结瓜期后，植株营养生长和生殖生长均进入旺盛期，株体量逐渐增大，产瓜量增加，耗水、耗肥量也逐渐增大。为满足丝瓜高产栽培对水、肥的需求，浇水和追肥间隔时间逐渐缩短，浇水量和追肥量亦应相应地增加。在持续开花结瓜盛期的前期（12月中下旬至翌年1—2月），每采收两茬嫩瓜（即间隔

20~25天）浇一次水，并随浇水冲施腐殖酸复合肥，或嘉吉复混蔬菜专用肥，或硫酸钾有机瓜菜肥10~12千克。每天上午9—11时于棚室内释放二氧化碳气肥。在3—5月冬春茬丝瓜持续结瓜盛期的中期，要冲施速效肥和叶面喷湿速效肥交替进行，即每10天左右浇一次水，随水冲施速效氮钾钙复合肥，或有机速效复合肥，如高钾钙宝、氨基酸钾氮钙复合肥，一般每次亩棚田冲施10~12千克。同时每10天左右叶面喷施一次速效叶面肥，如金大地、金田宝、永富牌氨基酸复合高效液肥等速效有机肥。为预防病毒病发生，还宜叶面喷施绿芬威1号、绿芬威3号、高钾钙宝等复合肥，或活力素、多得2 000稀土纯营养剂等。在6—8月丝瓜持续结瓜盛期的后期，在继续覆盖棚膜遮雨的情况下，一般7~10天浇一次水。为防止植株早衰，除每次膜下浇水冲施速效氮钾肥外，还要中耕大行，破除土壤板结后追肥。中耕追肥方法是：在浇水前折起垄沟处的地膜边，用镢头将大行间刨深5~8厘米，于大行内均匀撒施氮、磷、钾三元复合肥，每亩棚室撒施12~15千克，或磷酸二氢钾和尿素各6~8千克。用亩强力壮根剂200毫升、对水50~60千克，于大行内喷洒于地面，然后，将折在两边的地膜伸开，放回重新覆盖好大行间，于膜下沟内浇水。中耕追肥措施宜于6月上中旬和7月中下旬隔40天实施一次，能促进植株重发大量新根，生育健壮，不早衰。

③ 植株调整：吊架。丝瓜主蔓伸长到20~30厘米时，应设架人工引蔓、辅助其上架。因寿光大棚内设有专供吊架用的东西向拉紧钢丝（24号或26号钢丝）3道，在东西向拉紧吊架钢丝上，按棚室上南北向丝瓜行的行距，设置上顺行吊架铁丝（一般用14号铁丝）。在顺行吊架铁丝上，按本行中的株距挂上垂至近地面的尼龙绳做吊绳。吊绳的下端栓固在植株基部。人工引蔓上吊架时，将丝瓜蔓轻轻松绑于吊蔓绳

图5-2-1　丝瓜吊蔓

上即可。吊架的主要好处是：可通过移动套栓于东西向拉紧吊架钢丝上的吊架铁丝相邻之间的距离，来调节吊架茎蔓的行距大小，也可通过移动吊架铁丝上的吊绳相邻之间距离，来调节吊蔓株距大小，可使茎叶分布均匀，充分利用空间和改善行、株间透光条件，适合于棚室丝瓜高密度种植（图 5-2-1）。

单蔓整枝。棚室冬春茬丝瓜，在高密度种植条件下，宜采取单蔓整枝。在结瓜前和持续开花坐瓜期，要及时抹掉主蔓叶腋间的腋芽，不留侧蔓，每株留 1 根主蔓上吊架。

引蔓。棚室丝瓜在人工引蔓上架时，要使瓜蔓在吊绳上呈"S"形，以降低生长高度，推迟满架到顶和降蔓落蔓的间隔时间。当瓜蔓爬满吊绳，蔓顶达顺行吊绳铁丝时，应解绑降蔓，降蔓时还应剪断缠绕在绳上或缠绕在其他蔓上的卷须，摘除下部老蔓上的老、黄、残叶后（带出棚外）把蔓降落，使老蔓部分盘置于小行间本株附近的地膜之上。同时对植株上部具有绿色功能的茎蔓、叶片、花果精心保护，再以"S"形绑引在吊绳上，使植株持续生

图 5-2-2　丝瓜引蔓

长、开花结瓜。大棚冬春茬丝瓜的持续结果期长达 8~9 个月，一般需降蔓落蔓 3~4 次。最后一个月（即拔秧前一个月），让主蔓、侧蔓放任攀援生长，不再"S"形绑架，也不再对侧蔓打顶心。让整个丝瓜的生育期中，要结合丝瓜理蔓、采收，将老叶、病叶、弱叶以及过密叶片剪去（图 5-2-2）。

疏除雄花。丝瓜雌雄同株，为异花授粉作物，雌花 1 花 1 果，从现蕾到果实正常采收约需 15 天。雄花为无限生长的总状花序，每个花序开放 20~35 朵花，每个植株雄花总数多于雌花数倍到数十倍，授粉能力大大超过了需要。由于雄花序花期较长，一般30~40 天，相当于雌花结果期的 3~4 倍时间，在此期间要消耗大量的养分。因此，尽早疏除多余的雄花序，可节省养分，供给雌

花结果的需要。疏雄方法：从雌花现蕾开始，将每株丝瓜植株上的雄花序摘除 80%，保留 20% 授粉即可。

摘除卷须。卷须在蔓生作物中起着攀附和固定枝蔓的作用。丝瓜卷须从发生到枯萎死亡的时间较长，数量多，消耗养分较多，不利于多结瓜、结好瓜。采用人工绑缚功能，卷须已失去利用价值，摘除卷须，有利于管理，减少营养的消耗。除须方法：在丝瓜植株生长初期，就可采取边除须边绑缚的办法吊蔓；枝蔓在吊绳上分布均匀和固定后，整蔓管理随时将卷须摘除即可。

落蔓。落蔓是丝瓜生产改善光照，延长生长周期，实现优质高产的重要技术措施之一，在保护地栽培中尤为重要。落蔓可以使丝瓜长势强、结果周期长，吊架栽培的中晚熟丝瓜品种获得良好的采光条件，改善采光位置，提高光合效率，实现优质高产，同时方便了耕作。待植株生长点接近棚顶时，除去下部黄、老、病叶，无叶茎蔓距地面 30 厘米以上时可落蔓。一般选晴暖天气午后进行。不要在早晨、上午或傍晚及浇水后落蔓，避免和减少落蔓导致伤茎。

落蔓前 10 天以上不要浇水，降低茎蔓含水量，增强其韧性；应把茎蔓下部的老黄叶和病叶去掉，带到棚室外面深埋或焚烧。该部位果实也要全部摘除，避免落蔓后叶片和果实在潮湿地面上发病，形成新病源。

落蔓时松绑绕蔓。将缠绕茎蔓的吊绳松下，顺势把空蔓落于地面，不能生拉硬拽。盘蔓时要朝同一方向逐步盘绕于栽培垄两侧。注意要自然打弯，不要强行或反向打弯，以免扭断或折断茎蔓。茎细时，落蔓间隔时间短，绕圈小；茎粗后，间隔可稍长，绕圈大一些。落蔓时注意保留一定的叶数和株高。有叶茎蔓距垄面 15 厘米左右，每株保持功能叶 20 片以上，株高距棚面 0.8 米（棚南）至 1.5 米（棚北），叶片分布均匀、采光良好。

落蔓后的几天里，应适当提高大棚内温度，以利茎蔓伤口愈合。落蔓后根据品种类型及常见病害，及时选择相应药剂进行喷洒预防。落蔓只是降低了植株的结果部位，没有缩短结果位置与根系的实际距离，加之茎蔓粗壮，如肥水供应不足，便会导致结

| 图 5-2-3　丝瓜落蔓 | 图 5-2-4　丝瓜落蔓后盘到小垄上 |

果质量变差，因此，应加强肥水供应，满足植株的生育需求。落蔓后，茎蔓下部长出的侧枝要及时抹掉，以保证主蔓的营养供应（图5-2-3、图5-2-4）。

④ 保花保果：丝瓜属异花授粉作物，大棚保护地反季栽培必须进行人工授粉或使用激素，弥补传粉不足，保证正常结实。常用的保花保果措施有以下3种。

一是人工授粉。在冬春寒冷期，外界无蜂类等通过通风口进入大棚内，大棚内媒介昆虫极少，即使在春秋季节，因为要防止丝瓜白粉虱迁入大棚内为害，大棚的通风口都设置避虫网（25~40目的尼龙纱网），外界的蜂类等媒介昆虫也不能迁入大棚内。所以，必须进行人工授粉。丝瓜人工授粉的关键技术是掌握好授粉时间和采摘的雄花质量。棱丝瓜开花的时间在傍晚至第2天上午10时，人工授粉的良好时机是傍晚至第2天上午9时之前。普通丝瓜开花的时间在3—12时，授粉的良好时机是在上午6—11时。授粉时要选择花瓣大、花色嫩艳、雄蕊发达、花药散出的花粉粒多、刚开放的雄花，与雌花对花，使花粉粒黏着于已分泌出黏液的柱头上。授粉时间过早或过晚，或授的花粉不充分，都会降低坐瓜率。

二是坐瓜灵蘸花。冬春寒冷期，大棚内夜温低，夜间空气相对湿度大，丝瓜开花后，因受低温高湿的影响，雌花柱头不能分泌黏液，雄花的花药不能散出花粉粒，这不仅给丝瓜人工授粉带来一定难度，也降低人工授粉后的坐瓜率。为了防止低温、阴雨、阴雪、无昆虫授粉和人工授粉质量差引起的难坐瓜和严重化瓜，近年来寿光菜农使用果旺牌强力坐瓜灵稀释液蘸瓜胎，获得了良好效果。用药后不需人工授粉也能坐瓜，若配合人工授粉效果更佳，坐瓜后幼瓜生长快速，3~5 天可见明显效果，瓜粗长、优质，提早上市。蘸花适期：丝瓜雌花花冠变黄时是蘸花的最佳时期，蘸花过早，花不开放，形成"哑巴花"，蘸花过晚，造成花冠向外翻卷，影响瓜的商品性。使用方法：用坐瓜灵 10 毫克，对水 750~1 000 毫升，在丝瓜雌花开放的当天或前后 1 天浸花和子房一次即可（图 5-2-5、图 5-2-6）。

图 5-2-5　丝瓜蘸花适期　　　　图 5-2-6　丝瓜蘸花

三是 2，4-D 涂花。如果雄花少，可用 50~100 毫克 / 千克的 2,4-D，加入 20 毫克 / 千克的赤霉素涂抹花托和柱头。但 2,4-D

处理的坐果率不及人工授粉的坐果率高。

⑤增加丝瓜果实美观的措施。

吊瓜。为了增加丝瓜的美观度，在丝瓜稳果后，应做好两项工作：一是直接将丝瓜倒立，利用瓜顶突出的部分挂在吊蔓的铁丝上，用自身和丝瓜蔓的重量，使丝瓜瓜条顺直；二是用棉线捆住一颗小石子或用塑料袋装土悬吊于丝瓜瓜顶上，让其在生长过程中始终保持笔直的果形，成熟后，美观大方，商品性极强（图5-2-7、图5-2-8）。

果实套袋为防止瓜实蝇在果实上产卵和病害为害，可于授粉

图 5-2-7　丝瓜倒立吊瓜　　　　图 5-2-8　丝瓜塑料袋吊瓜

后，即花瓣开始萎缩时，套以长 50 厘米、宽 20 厘米白色果袋，可减少灰霉病、瓜实蝇等病虫危害和农药污染，确保产量和提高品质。雌花授粉后，子房逐渐肥大，这段时间，如遇土壤过于干燥或潮湿，或授粉不完全、缺乏肥料、瓜实蝇为害等，都会造成畸形果、裂果、黄化果和留胶果等，应及早摘掉，以免浪费植株养分和影响到其他果实的正常发育。塑膜袋不必除袋，果实带袋采收，可起保鲜作用，延长货架寿命。

⑥深冬期间特殊管理措施。

草苫的揭盖管理：草苫的揭盖直接关系到棚室内的温度和光照。

在揭盖管理上，应掌握上午揭草苫的适宜时间，以有直射光照射到前坡面，揭开草苫后棚内气温不下降为宜。

盖草苫的时间，原则上日落前棚内气温下降到 15~18℃时覆盖。正常天气掌握上午 8 时左右揭，下午 4 时左右盖。一般雨雪天气，棚内气温不下降就要揭开草苫，大风雪天，揭草苫后棚温明显下降，可不揭开草苫，但中午要短时揭开或随揭随盖。连续阴天时，尽管揭草苫后棚内气温下降，仍要揭开草苫，下午要比晴天提前盖草苫。连续阴天后的转晴天气，切不可骤然全部揭开草苫，应陆续间隔揭开，中午阳光强时可将草苫暂时放下，至阳光稍弱时再揭开。在最寒冷天气，夜间棚内出现 10℃以下低温时，应在草苫上再加盖一层旧膜或一层草苫，前窗加围苫。

⑦ 冬季连续阴雪天气的丝瓜管理：连续阴雪天气是导致冬春茬温室丝瓜栽培失败的主要原因，一般连阴 7~8 天以上，地温降到 10℃以下，容易沤根，叶片变黄，易发生病害，甚至导致死亡。在管理时要抓住阴天中短期放晴时机及时揭帘见光，以弥补光照、温度之不足。即使在阴天，只要不下雪，就应揭帘；若连续阴雪，作为应急措施，可摘除植株上已成幼果，防止坠秧。由于连续阴天，光照不足，温度低，控制浇水，又易形成花打顶，须及时摘去顶端花丛，以促进植株正常生长发育。

阴雪天后转晴时突然揭开草苫，植株常出现迅速萎蔫凋枯甚至死亡的现象，即所谓"闪苗"。此时，应短时回席，叶片恢复后再揭开，如此反复进行，直到叶片不再萎蔫为止。若萎蔫较重，可用喷雾器喷清水后再盖草苫，恢复后再揭开。温室后墙张挂反光幕也有明显效果。

（6）适时采收嫩瓜。

① 适时采收嫩瓜不仅能保持嫩瓜的品质还能防止化瓜，增加结瓜数量，提高产量。这是因为：丝瓜主要是食用嫩瓜，如过期不采收，果实容易纤维化，种子变硬，瓜肉苦，失去食用价值。同时大瓜在继续生长过程中与新坐住的幼瓜争夺养分，造成幼瓜因缺少养分而化瓜，加重间歇结瓜现象，降低了商品嫩瓜的产量。适时采收嫩瓜，可减轻化瓜。因此要适时采收商品嫩瓜。

② 丝瓜嫩瓜采收标准。采收时间：丝瓜从雌花开放授粉，到采收嫩瓜，一般需 10~12 天。

气温高、水分不足时易变老，适宜早收；气温适宜、水分充足不易变老，可适当晚收。

果实大小及果实变化：可依据果实大小、果梗处的色泽、茸毛减少及果皮等的变化情况决定。果梗光滑稍变色、茸毛减少及果皮手触有柔软感而无光滑感，为采收适期。供长途外运的商品嫩瓜，应适当提前偏嫩采收。

采收方法：丝瓜连续结果能力强，盛果期果实发育快，可每1~2天采收一次。每天采收时间一般在早晨太阳升起，气温升高前进行，用剪刀从果柄处剪断。丝瓜果皮柔嫩，肉质松软，极易碰伤、压伤、折断，采收时宜轻放装箱或筐时防止挤压，确保产品质量。

第三节　日光温室早春茬丝瓜栽培技术

利用大棚在寒冬季节育苗，初春定植于大棚，将开花结果期安排在温、光较好的季节里，这种方式是目前较为普遍的一种栽培方式。此茬一般从3月开始上市，产量高峰期集中在4—5月，若不急于赶茬，可延续到8—9月结束。

一、培育壮苗

1. 生育期间的环境特点及主攻方向

日光温室早春茬栽培丝瓜的播种育苗时间是由棚室的性能来决定的。温室条件好的，可在12月中上旬开始育苗，1月中下旬开始定植；棚室温度条件差的，可在12月下旬至1月中下旬播种育苗，2月下旬至3月上旬定植于棚室中。

一年中，12月至翌年1月是全年中低温、光照环境条件最差的时期，在此时培育出适龄壮苗是生产成功的关键所在。加强苗期的管理，培育优质壮苗，是生产上的主攻方向。棚室中多采用电热温床育苗。

2. 育苗

（1）品种的选择。早春茬丝瓜同冬春茬一样，要求所选品种在低温和弱光下能正常结瓜。

要耐高温和耐高湿，在高温和高湿条件下结瓜能力强。另外，还要抗病性好，对大棚环境的适应能力强，对管理条件要求不严，意外伤害后恢复能力要好。

（2）播种期的确定。早春茬丝瓜一般苗龄为 35~45 天定植后 80 天左右开始采收，从播种到采收历时 110~140 天。早春茬丝瓜一般要求在 4 月前后开始采收，以便到 6 月进入产量的高峰期。由此推算，正常的播种期应在上年 12 月中上旬。

（3）育苗要点。在温室内采取覆盖小拱棚育苗，采用一次性播种育成苗的方式，即将出芽的种子播入营养钵或营养穴盘中，不再分苗。

苗床要选择冬暖大棚采光条件较好的部位，一般育 1 亩温室的苗需 20 平方米左右苗床。

二、定植

经过大量的实验研究，采用大苗移栽，能有效地防止丝瓜秧子的前期徒长，促进生殖生长，达到早熟高产的目的。

定植时宽窄行定植：按 60~70 厘米作畦，畦面低于宽行，按 50~60 厘米行距开沟，宽行 110~120 厘米。丝瓜早春保护地栽培的大苗，一般要求 3~4 片真叶株，为最佳时期，一般苗龄 40~50 天。施肥后锄匀，浇水造墒，趁湿封沟起垄，丝瓜苗定植在垄上，株距 35~40 厘米，定植后点浇压根水，定植深度以埋住土坨为准。在窄行用小拱棚覆盖，并将丝瓜引出薄膜，定植后升温，白天温度保持 33℃、夜间 17℃左右，保持 2~3 天，促使丝瓜快速生根、缓苗。缓苗后，再进入正常管理，白天温度保持在 28~30℃，夜间 15~16℃。

三、定植后的管理

1. 环境调控

丝瓜生长适温 20~30℃，前期适当蹲苗，白天温度保持 20~25℃，晚上 15℃，地温 13~19℃。坐瓜后适当提温，白天保持 25~30℃，夜间 15~20℃。

丝瓜甩蔓期、开花结果期要防止空气湿度过大，造成茎蔓徒长和开花结果受阻。上午气温升到 28℃左右时关闭风口。因土壤中施入大量有机肥，肥料在土壤中逐渐分解熟化会释放出一些有害气体，如甲烷气、氨气、亚硝酸气等，要放风换气，排放空间的一些有害气体，防止叶片、植株受害。

大棚要早揭苫、晚盖苫，尽量延长透光时间。另外及时擦拭棚膜，清扫其上的灰尘，增加透光性。只有多见光、见强光，植株才能多同化有机物质，才能长得好，长得壮。

2. 植株调整

丝瓜在生长发育期间，要及时进行植株调整，减少营养的消耗，防止枝叶过于茂盛，影响植株、行间通风透光。植株调整一般包括打老叶、打侧蔓、及时放蔓和化控等措施。打老叶是待下部叶片进入老化阶段及时打掉。一般叶片的功能期 60 天左右，超龄叶及时打掉，可以减少营养的消耗，增加下部的通风量。由于棚室栽培密度大，空间有限，在生长期间必须限制侧蔓的数量和长度，达到少消耗、不郁闭的效果。茎基部侧蔓一般要求全部摘除。10 片叶以上生成的侧蔓可留 1~2 片叶后摘心。一般侧蔓第 1~ 第 2 片叶都带有雌花，能结一条瓜，若不摘心，侧蔓基部瓜不易坐果。丝瓜蔓在生长到近棚顶时应及时落蔓，高度要视情况而定。落蔓后要把蔓的生长点排列平齐，以利采光。可采用化学药剂控制茎蔓生长速度，一般采用 15% 的多效唑，喷洒浓度为 10 毫克/千克，或矮壮素 200 毫克/千克，可缩短丝瓜茎节，减少瓜蔓长度，增加瓜蔓茎粗。

早春茬丝瓜育苗期温度低、光照短，有利于花芽分化，节位低，雌花多，为防止坠秧，应摘除 12 节位以前的雌花。这是丝瓜早春栽培能否成功的关键环节，不能忽视。

3. 人工授粉

丝瓜为虫媒花，在早春茬栽培时，因昆虫少，需进行人工授粉。授粉的办法是：摘去当天盛开的雄花，去掉花冠或将花冠反捋，露出花药，轻轻地将花粉涂抹在雌花的柱头上。授粉时间为每天上午 8—10 时。如果雌花少，可用 50~100 毫克 / 千克的 2,4-D 加入 20 毫克 / 千克的赤霉素涂抹花托和柱头。药剂处理的坐果率不及人工授粉的坐果率高。

4. 水肥管理

水肥管理是提高早春茬丝瓜产量的关键。浇水追肥及时、合理，可以促进瓜果生长，提高产量。错误的浇水追肥会导致秧蔓疯长、化瓜、落花、病害严重。早春保护地丝瓜一定要浇足定植水，也就是要求底墒足。在底墒足、透气性又好时，有利于提高地温，加快缓苗。定植时若底墒不足，点浇小水，过 3~5 天土壤湿度小，出现干旱现象，若不浇水，易造成老化苗；若浇水时，根系已经展开，吸水能力很强，大量吸水后，导致营养生长过旺，造成徒长，结瓜晚，降低前期产量。棚室丝瓜，浇水的原则应为浇瓜不浇花。也就是说开花期不宜浇水，坐稳一批果时浇一次水。菜农总结出"丝瓜开花靠旱，结果以后靠灌"的控水、浇水农谚。一般是，丝瓜前期结瓜是一阵结瓜一阵开花，采瓜后开花前控水 2~3 天，开花结果后，瓜的后把处出现深绿色，是丝瓜果实需水量最大的临界期，需马上灌水，待深绿色消退时采收，控制浇水。丝瓜根系发达，吸收能力强，对土壤中氧气需求量高，必须保持土壤一定的透气性，所以浇小水最好。大水漫灌后，土壤透气性差，减少结瓜。另外，棚室空间小，浇大水极易导致空气湿度过大，诱发病害造成减产。一般丝瓜浇水水位达到栽培垄的 2/3 即可。早春气候变化异常，浇水时要三看：一看天，天气晴好，近期无阴雨可以浇水；二看地，地面干旱可以浇水；三看瓜，花已开过，坐住幼瓜可以浇水。追肥时要注意品种和数量。丝瓜开花结果期对氮和钾元素需求比例较大，对磷的需求量较少，追肥品种应以氮、钾肥为主。每次追肥量要准确，生育前期一般每亩每次随水冲施尿素 15 千克、硫酸钾 10 千克。由于棚室密闭较严，不易挥发有害气体，若每次追肥量大，在高温条件下易挥发氨气，对丝瓜植株有一定的危害。生育中后期昼夜大放风时，每亩每次可增加施肥数量，一般每亩每次追尿素 30~40 千克、硫酸钾 20 千克。

四、防治病虫为害

丝瓜的病害主要有根结线虫病、病毒病、霜霉病、炭疽病、立枯病、疫病等，一旦发现病害，要及时进行防治，主要施用药剂有病毒 A、植病灵、病毒清、百菌清、福美双、甲基托布津等。丝瓜的主要虫害是白粉虱、黄守瓜、瓜蚜等，一旦发现害虫，及时利用温棚能封闭的优势，采取燃烟剂熏灭害虫。

五、采收

早春茬丝瓜采收过程中，往往由于采收不及时、采收不合理、采收不得法造成商品瓜质量下降，影响出售。丝瓜采收的原则是弱株采小瓜，壮株采大瓜，以采瓜促进丝瓜的营养生长一致。生育前期苗小、温度又低，丝瓜生长速度慢，宜相应采瓜小一点，一般 50~100 克就可以采收。生育中后期随着气温、光照条件的好转，植株生长势旺，相应采瓜要大一点，一般 150~200 克采收。丝瓜早春茬栽培，由于环境条件相应比较优越，瓜的生长速度快，丝瓜表皮有一层麻皮，瓜的生长时间越长，长得越大，表皮麻皮越厚、越硬，商品性状越差，为此，应及时采收。生育前期可隔 3~5 天采收一次，生育中期需 2~3 天采收一次，生育后期气温高，植株大，生长更快，需每天采收，以防老瓜。每次采收要仔细，不能漏采。

第四节　日光温室秋冬茬丝瓜栽培技术

丝瓜是深受人们喜食的一种优质蔬菜，大多利用空闲地或庭院搭架露地零星种植，成为秋季至冬初的常食瓜菜。但是因管理粗放和受霜打影响，产量较低，影响规模生产。采用日光温室进行丝瓜反季节栽培，产量大幅度得到提高，而且经济效益十分可观。

一、培育壮苗

1. 选种

目前丝瓜可以分为两类，即普通丝瓜和有棱丝瓜，大部分品种均适合温棚保护地越冬栽培。由于普通丝瓜适应性强，产量较高，应为设施栽培的首选品种。生产中要根据播期和采摘期选用不同的品种。一般早熟品种有济南棱丝瓜、北京棒丝瓜、夏优丝瓜，丰抗丝瓜等，晚熟品种有武汉白玉霜丝瓜、四川线丝瓜、皱皮丝瓜等。

2. 确定播期

为了确保12月中旬开始采收商品嫩瓜、元旦春节期间能大量上市，要根据不同品种熟性确定播期，早熟和早中熟品种应于9月上旬播种，晚熟品种应于8月中旬播种。如果10月下旬以后播种，即使采用早熟品种，到春节也刚进入采收嫩瓜期，经济效益显著比早播种的要低。故丝瓜要高产高效益栽培，必须确定适宜的播种期。

3. 种子处理

因丝瓜种子的种壳较厚，播种前宜先浸种和催芽。将种子放入50~55℃的热水中搅动，浸泡20~30分钟后，将种壳表面的黏液搓洗掉，然后换上30℃的温水浸泡种子3~4小时，捞出放入10%磷酸三钠溶液中浸15~20分钟消毒，再取出用清水淘洗，即可置于28~32℃的高温条件下催芽。当2/3的种子开口稍露白芽尖，呈现"芝麻白"即应播种。播种方式可以采用直播，也可以进行育苗移栽定植。

4. 育苗

进行营养钵育苗，将熟化土壤和少量优质鸡粪混合均匀后装钵摆好，淋透水，每钵播1粒发芽种子，盖少量细土。用遮阳网或草苫遮挡苗床，防烈日暴晒和雨水冲浇。苗期注意保持苗土湿润，防止徒长，适宜定植的苗龄为 2 叶 1 心，最大不超过 3 叶 1 心。移栽定植前 7 天喷 1~2 次 2% 磷酸二氢钾，促进根系发达，茎秆粗壮。育苗也可以采用苗床育苗。

苗床育苗时要注意：

合理配制营养土，按照厩肥：园田土 7：3 或者 4：6 比例，每方营养土加硫酸钾 1 千克，过磷酸钙 2 千克和 50% 多菌灵可湿性粉剂 60~80 克，混合均匀。

划割 10 厘米见方营养土方块，取苗时易带土块和减轻伤根。注意防止发生猝倒病、立枯病、炭疽病等苗期病害，可采用 72.2% 普力克水剂 800~1 000 倍液，或 97% 恶霉灵可湿性粉剂 2 500~3 000 倍液喷雾。注意遮阳，降温，防止苗期徒长。

二、定植

（1）定植前结合翻整地，每亩施腐鸡、猪粪等优质厩肥 4 000 千克以上，整平耙匀后，采用南北向起垄，每垄间距 1.8 米。按照宽窄行定植，窄行作畦，行距 60~70 厘米，宽行跨垄沟，行距 110~120 厘米，株距 37 厘米，亩密度 2 000~2 500 株。

（2）定植：取苗时力求带坨完整，以减轻伤根。采用"窝里放炮"施肥方法，即每穴施充分发酵腐熟豆饼 1 千克左右，注意与土壤充分混合。

（3）全部定植后，可覆盖地膜，方法是把膜顺垄展平后，对准定植穴位置割 5~10 厘米开口，把瓜苗从开口处取出，用湿土两边压紧压实。直播田可直接在垄背两侧浇足底墒水，开穴播种，播后覆土 1.5 厘米，3~4 天幼苗即可出土，当幼苗长到 1~2 片真叶时，可进行间定苗，每穴留 1 株壮苗。

三、植株管理

1. 整枝引蔓

利用温棚南北端横梁在苗垄的正上方顺行固定吊蔓铁丝，铁丝上按株距系上尼龙绳，丝瓜放蔓后及时引蔓，蔓上架后，每

图 5-4-1　丝瓜落蔓

4~5 片叶绑一次，按照 S 形绑蔓辅助上架，丝瓜主蔓侧蔓均能结瓜，但去主蔓留侧蔓更能提高产量，当瓜蔓长出 10~12 片叶时，摘心留一侧枝，保留 2~3 个瓜。待侧枝上出现 2~3 个雌花时将其摘心，促使其再生侧枝，并及时落蔓（图 5-4-1）。

2. 调控温度、光照

丝瓜喜强光，耐热，耐湿，怕寒冷，秋冬茬温棚丝瓜栽培要通过及时扣棚膜，早揭晚盖草苫及张挂镀铝聚酯反光幕、补光灯、增加覆盖层等增光、增温、保温措施，使温棚内光照、温度控制在：光照时间最短不短于每日 8 小时，昼温 20~28℃，夜温 12~18℃，凌晨短时棚内最低气温也不要低于 10℃。生育期内，丝瓜抽蔓前可利用草苫适当控制日照时间，以促进茎叶生长和雌花分化。开花结果期要适时敞开草苫，充分利用阳光提高温度。

3. 适时浇水、追肥

从定植到开花始期，丝瓜株体较小，需水需肥量少，在定植时采用"窝里放炮"施饼肥的情况下，一般不需要追肥，采用膜下浇水，不需要勤浇水，一般浇 1~2 次水即可。进入持续开花结果期后，为满足丝瓜高产栽培对水、肥的需求，浇水和追肥间隔时间适当缩短，用量相对增加。

结瓜盛期前期，结合浇水可冲施腐熟鸡粪和人稀粪，每次每亩棚田冲施 500~600 千克，或冲施腐殖酸复混肥 10~12 千克，中后期要冲施速效肥和叶面喷施速效肥交替进行（图 5-4-2）。

图 5-4-2　膜下灌溉

4. 保花保果

丝瓜属异花授粉作物，温棚丝瓜，棚内媒介昆虫极少，其结瓜率高低与人工授粉和使用激素处理雌花有很密切关系。人工授粉关键是要掌握授粉时间和采摘雄花质量，棱丝瓜开花的时间在傍晚至第二天 10 时，人工授粉良好时机是傍晚至第二天 9 时之前，普通丝瓜开花时间在 3—12 时，授粉良好时机是在 6—11 时，授粉时间过早过晚都会降低坐瓜率。用 2,4-D 涂花，可减少落花和显著提高坐果率。

四、防治病虫为害

丝瓜的病害主要有病毒病、霜霉病、炭疽病、立枯病、疫病等，一旦发现病害，要及时进行防治，主要施用药剂有病毒 A、植病灵、病毒清、百菌清、福美双、甲基托布津等。丝瓜的主要虫害是白粉虱、黄守瓜、瓜蚜等，一旦发现害虫，及时利用温棚能封闭的优势，采取燃烟剂熏灭害虫。

五、适时采收

丝瓜以嫩瓜食用，所以采收适期比较严格，一般花后 10~12 天即可采收嫩瓜。生产上以果梗光滑、果实稍变色、茸毛减少及果皮手触有柔软感，果面有光泽时即可收获。采收时间宜在早晨，每 1~2 天采收一次。

第五节　塑料大棚春茬丝瓜栽培技术

利用大棚在寒冬季节育苗，初春定植于大棚，将开花结果期安排在温、光条件较好的春季，一般从 3 月开始上市，盛瓜期集中在 4—5 月，若不急于赶茬，收获期可延续到 9—10 月。

一、培育壮苗

1. 适时播种

品种选择。塑料大棚栽培，宜选择果肉厚、纤维少、风味美的肉丝瓜品种。

播种时期。丝瓜的适宜苗龄为50天左右。一般在越冬的单层棚中栽培，4月末至5月上旬定植；越冬的多层覆盖棚，约为4月下旬。根据定植期与苗龄推算，可比定植期提前2个来月，开始在加温温室中播种育苗。

浸种催芽。用55℃左右的温水烫种10分钟，期间要不断搅拌。烫种后，用常温下的水浸种10个小时左右，捞出冲洗干净，甩掉种子上附着的水滴，用透气性较好的湿纱布或湿毛巾等包好，放在28~30℃的温暖处催芽。

播种方法。可以播在育苗盘中，待子叶展平后再分苗。如果育苗场所比较宽裕，最好直接播到营养钵或纸钵中，以减少用工量。直接播于营养钵时，每钵播带芽种子1粒，覆土2.0~2.5厘米，浇透水，放在温暖的地方促进出苗。丝瓜比较喜温，最好放在电热温床或架床等育苗床上，也可以扣小拱棚保温。

2. 苗期管理

出苗前的管理。出苗前给予较高温度管理有利出苗。一般日温为30℃左右，夜温15℃以上，地温30℃左右。

出苗后的管理。幼苗出土后适当降低温度，抑制下胚轴徒长。日温保持在20~25℃、夜温10~13℃、地温20~25℃。尽量增加室内光照强度，土壤不干不浇水。真叶出现后，温度要逐渐升高，日温为25~28℃、夜温13~15℃、地温25℃左右。让土壤见干见湿。如果发现叶片颜色变浅，叶片变薄时，就可以用0.246毫克/千克磷酸二氢钾溶液进行叶面喷洒。及时除草和防治蚜虫。在定植前1周逐渐加大通风量降温、控水进行秧苗锻炼，提高秧苗的适应能力。

二、适时定植

1. 塑料薄膜大棚的准备

需要更换新膜最好在前一年秋天进行，越冬棚内冻土层浅，解冻也快，适于提早定植。进行多层覆盖的大棚，在定植前半个月就要准备好二层幕、小拱棚、地膜等多层覆盖材料。

2. 整地施肥

深翻地 20 厘米，由于丝瓜生长期很长，可以一直收到上冻拉秧，因此要多施基肥，2/3 全园撒施，1/3 沟施。可按 1.2 米间距作畦，在畦中间开沟施肥，沟 1 锹深，撒肥厚度 10 厘米左右。然后合畦，畦高 10 厘米左右。将畦面刮平，提前 1 周覆土地膜。

3. 定植时期

无论单层棚，还是多层覆盖大棚，丝瓜的适宜定植期要比黄瓜稍晚几天，最早与黄瓜同期。丝瓜比黄瓜喜温，不能盲目提前，以免发生低温冷害。

4. 定植方法

丝瓜在大棚内生长发育比露地栽培旺盛，因此要比露地的栽植密度小些。1.2 米宽畦栽双行，行距离 50 厘米左右，株距 40 厘米左右。

选寒末暖初的晴天上午，打好定植孔，选优质适龄壮苗，湿坨下地，每穴施磷酸二铵 5 克做种肥，肥与土拌匀以免烧根。苗坨顶端与畦面等高或稍高出畦面，用土填充苗坨与定植孔周围土壤之间缝隙，使幼苗根系与周围土紧密相接。浅透定植水，待水完全沉下后封好埯以利保温保湿。

三、定植后的管理

1. 缓苗期的管理

定植后，进行多层覆盖栽培的应立刻扣上小拱棚。这个时期关键是严密闷棚升温，促进缓苗，不达 38℃不用通风。在高温高湿的条件下，5 天左右就能缓苗。如遇寒流，在大

图 5-5-1　丝瓜定植后用小拱棚覆盖

棚周边围上草苫保温（图5-5-1）。

2. 缓苗后到根瓜坐住前的管理

当心叶见长时，幼苗就已经恢复生长，要立刻浇适量缓苗水以促进生长发育。这个时期主要以防寒保温为主，不超过35℃不通风。要适当控水蹲苗，促进发根。多层覆盖，白天打开，以利增加透光量。缓苗水浇后，当丝瓜蔓长到30~40厘米时用塑料绳吊架，然后螺旋形缠蔓上架。一般根瓜下的侧枝全打掉。

3. 结果期的管理

大棚春季的环境条件不利于丝瓜坐果，丝瓜又不像黄瓜的单性结实力那么强，需要辅助人工授粉。如果人手少，也可以使用浓度为15~20毫克/千克的2,4-D溶液喷花或涂抹果柄，以提高坐果率。结果期需水需肥量急剧增加，要加强肥水管理。根瓜坐住后结束蹲苗，开始追肥灌水，结果前期每天灌1次水，后期1周左右灌水1次，每亩追施磷酸二氢钾或硝酸铵15千克，刨坑施或顺水追施，施肥后及时灌水。丝瓜全生育期追肥4次左右。进入结果期，外温逐渐升高，当夜间棚内温度不低于13℃时，可撤掉小拱棚。当棚温超过30℃时开始通风，先开门或在大棚两边扒缝通小风，逐渐加大通风量，卷起大棚四周膜，下午棚内温度降到25℃左右时闭风；当外温不低于13℃时，昼夜通风。9月开始逐渐缩小通风口，最后完全闭风保温。

4. 植株调整

随着植株生长，不断缠蔓上架，根瓜上部的侧枝选强全部抹除，结瓜后摘心，主蔓离棚膜15厘米左右摘心，如果大棚架能吊蔓，那么主、侧

图5-5-2　大棚丝瓜

蔓均可任意生长，不进行摘心（图5-5-2）。

四、防治病虫为害

丝瓜的主要病害有：褐斑病、霜霉病、蔓枯病等。其中褐斑病为害较大。褐斑病主要为害叶片，属真菌病害。初生病斑水浸状，后呈黄褐色或灰色，边绿黄褐色，严重时全叶枯死。虫害主要是瓜蚜：炎热多雨季节容易发生。要加强轮作，注意园田清洁，减少越冬蚜源，发现蚜虫及时防治。

五、收获与采种

收获：开花后两周收获，一般果顶饱满、果皮出现光泽时采收。采收时不要硬拉，最好用剪刀剪。大棚每公顷产45 000~60 000千克。

采种：留种要采取隔离措施，或束花人工授粉。选留具本品种特征的中部果实做种瓜，开花后40多天摘下后熟，然后剖瓜取子，晾干后贮藏。

第六节　大棚丝瓜栽培新技术

一、丝瓜土传病害的防治技术

丝瓜土传病害属根病范畴，是指由土传病原物侵染引起的病害。包括真菌、细菌、放线菌、线虫等，其中真菌为主。如腐霉菌引起丝瓜苗床猝倒病、丝核菌引起丝瓜苗立枯病。抑制丝瓜根周围病原物的活动成为保护丝瓜根系并进行土传病害防治的基础。但必须重视和考虑土壤理化因素对植物、土壤微生物和根部病原物三者之间相互关系的制约作用。

1.棚室丝瓜主要土传病害的种类

主要有丝瓜枯萎病、疫病和根结线虫病等，生产上往往是几种病害混合作用，致使植株大量萎蔫、枯死。

近年来，由于日光温室蔬菜生产尚未建立合理的轮作模式，而是多年连作，致使土传病害严重发生。据在寿光调查，连作 5 年以上的日光温室，丝瓜因土传病害轻者减产 20%~30%，重者达 50% 以上，使菜农遭受严重损失。

2. 采取的措施

（1）轮作换茬。与其他非瓜类和茄果类蔬菜轮作 2 年以上，最好采用与禾本科作物轮作，有显著的防病和平衡土壤养分的效果。

（2）高温闷棚。6 月下旬至 8 月中旬将温室内土壤深翻 20 厘米以上，然后起垄，垄高 30 厘米，宽 30~40 厘米，垄间距 80~100 厘米，严密覆盖地膜，温室棚膜密闭，于地膜下灌透水，这样 20 厘米土层内温度达到 35~40℃以上，维持 20 天以上。

（3）土壤化学消毒。丝瓜定植前 20~30 天，将土壤翻深 20 厘米，可用下列配方杀菌消毒。

① 20% 石灰水 + 50% 多菌灵 800 倍液；或 47% 加瑞农 600 倍液 + 58% 甲霜铜 800 倍液。

② 2% 甲醛 + 70% 敌克松 1 000 倍液。

③ 14% 络氨铜 400 倍 + 58% 甲霜灵锰锌 800 倍液。用上述药剂均匀喷洒全棚，并重点喷定植沟。

④ 根结线虫病可用石灰氮土壤消毒。

（4）基质栽培。土传病害特别严重的温室，可采取有机、无机、有机无机混合基质栽培。即不用土壤栽培，而是在地面挖土槽，槽上口宽 35 厘米，底宽 25 厘米，深 25 厘米，两槽间距 1.2~1.4 米，槽内铺塑料薄膜。基质配方为：稻壳：草炭：废菇渣：鸡粪（或羊粪）= 1：1：1：1，将上述基质混匀后填满栽培槽，每亩需 30~35 立方米。丝瓜生长期间，配合滴灌，适时适量追施氮、磷、钾复合肥。

（5）平衡施肥。增施有机肥和生物活性肥。每亩地最好基施 100~150 千克含有生物活性的生物有机肥，追肥时，不要偏施氮肥，最好施三元素复合肥或优质的丝瓜专用肥。

（6）提早预防。定植后，先用 1 000 倍阿维菌素药液灌根，每棵 250 毫升，可有效预防根结线虫病的发生。结瓜后，及时用

③中所列药剂灌根，零星发现植株萎蔫，及时拔除带出棚外，并用上述药剂灌根，7~10 天一次，连灌 2~3 次。

二、进行土壤消毒技术

对土地内的土壤消毒灭菌是一项十分重要的步骤，千万不可忽略。要对土壤进行全面的灭菌、消毒，以杀灭土壤 (或基质) 中的虫卵、幼虫、病毒和杂草。

1. 物理灭菌

（1）翻耕土地或拌动地质，在夏季高温暴晒或冬季进行冷冻。这种方法简单经济，但是灭菌效果较差。

（2）将土壤或基质用塑料薄膜盖严，然后通入蒸汽。使内部温度升至 80℃以上，保持 1~2 小时。

2. 化学灭菌

该方法是将药剂撒在土壤表面或基质中拌匀，然后蒙上塑料薄膜。7 天后，打开覆盖的塑料膜，通风，晾半个月左右，才能种植丝瓜。常用的土壤或基质灭菌药剂有氯化苦 (亦称三氯硝基甲烷)、甲基溴化物、必速灭等。

必速灭为我国新近从德国引进的新型世界农药，是一种广效性的土壤熏蒸剂。必速灭适用于苗床、新耕地、盆栽、温室栽培等，使处理土壤得到清洁消毒，使用量一般每亩 7~10 千克或每平方米 15 克，使用于混土 20 厘米深处，用薄膜覆盖密封。

三、棚室丝瓜连作障碍防治技术

在当前丝瓜棚室生产中，丝瓜连年种植，死棵现象越来越厉害，在连续多茬种植后，产量、品质都受到了很大的影响。而且连作障碍也不单单是连作造成的，而是长期不合理的农事管理积累造成的，治理连作障碍就要从土壤改良做起，从棚室土壤管理的各个环节抓起。

对此，当地菜农认为：要重视连作障碍，对于连作而造成的土壤恶化，还需要通过轮作等多方面的土壤改良做起。

1. 实行轮作

茄科蔬菜可与葫芦科蔬菜实行 3~5 年的轮作，蔬菜与玉米轮作等，可有效降低土壤盐分，减轻连作为害。

2. 高温闷棚、消毒

在 7 月左右，也就是前茬作物拔秧后，每亩施石灰氮 70~80 千克、粉碎麦秸 500~1 000 千克，旋耕、耙平。封严温室薄膜，盖严地膜后灌水，日晒高温处理 15~20 天后，温室通风并揭去地膜晾晒 5~7 天，再施肥、整地。

3. 要深翻土壤，避免耕作层变浅

由于连年使用旋耕机翻地是土壤耕作层变浅的又一大主要原因，耕作层变浅不仅不利于根系深扎，而且还容易因浇水施肥而造成伤根。

因而，要杜绝图方便连作使用旋耕机翻地，可用旋耕机打地与人工用镢深翻相结合的方法翻地 30 厘米左右深，避免地表 15~18 厘米之下的耕作层形成硬底层，导致活土层（即耕作层）变浅。

4. 重视有机肥的使用，减少化肥的使用

土壤板结、"泛青"现象突出，可以说是常年大量使用化肥，土壤中有机质缺乏的表现，因而只有补充有机质才能解决土壤板结的现状。同时，有机肥营养全面，可长期均衡地供应蔬菜生长所需的营养，避免蔬菜生长后期脱肥早衰的现象发生，是化学肥料所不能替代的。因此要重施有机肥，丝瓜可亩用鸡粪 15 立方米左右。但是鸡粪在使用前必须腐熟，以免烧根熏苗。可使用激抗菌 968 肥力高快速腐熟法进行腐熟：将鸡粪等有机肥撒入棚室后，按 2 立方米鸡粪一瓶肥力高的用量均匀地喷洒在鸡粪表面，后进行翻地，在温度达 20℃以上时 7 天左右即可腐熟。

5. 要增施菌肥，维护土壤微生物的平衡

菌肥不仅有降解土壤盐害、改良土壤的作用，而且还有以菌抑菌预防蔬菜死棵，增加土壤有益菌数量，维护土壤微生物平衡的功效。定植时，可穴施大源落地生根抗死棵或激抗菌 968 壮苗棵不死，追肥时可冲施大源新快枪手或亿豪国际冲施肥等。

四、新建丝瓜棚室土壤改良技术

新建的大棚土壤中的病原物和有害物质较少，种植丝瓜有优势，但是，熟土层减少，生土增加，土壤瘠薄、肥力低，难以高产，需要进行改良。

1. 改土

新建丝瓜大棚，原有的"熟土"耕作层基本上被破坏成了墙体，大棚内的土壤多数是耕作层以下的"生土"土壤，养分含量低，土壤结构差。根据土壤质地，可采用相应的措施改良。如果条件允许，可以适当地改良土壤组成，黏质的土壤，适当掺入沙土等；沙土则应掺入黏土，然后调和均匀。

2. 增施有机肥

由于大棚土壤中有机质、氮磷钾等营养元素含量较少，要加大肥料的使用量，提高土壤肥力。用经过充分腐熟的粪肥等有机肥，均匀撒施后翻耕。

鸡鸭等家禽粪肥养分含量高，每亩可施用 15 立方米；牛马等家畜粪肥养分含量低，但有机质含量高，对于改良土壤效果良好，每亩可施用 20 立方米；施用腐熟秸秆，将收获的玉米、小麦、稻壳等粉碎，浸透，加入秸秆重量 3%～5% 的尿素或相当数量的其他氮肥，然后加入专用的发酵菌种发酵，在 1 个月后完全发酵的秸秆成为优质的有机肥。

对于黏质土壤来说，使用充分腐熟的鸡粪、牛粪等禽畜粪肥和秸秆改土效果非常好。另外，在翻耕土壤时应配合施用化学肥料，每亩施用复合肥 80~100 千克。

3. 使用生物菌肥

新建大棚施用生物菌肥，最好普施与穴施结合。在翻耕土壤之前，将部分生物菌肥（激抗菌 968、龙珠、三忠、肥田生）随粪肥等一起撒到大棚内，深翻。

深耕翻：通过增施有机肥，深翻土壤，可以较好地疏松土壤、改良土壤结构，有利于丝瓜根系的生长。撒好肥料后，深翻达到 30~40 厘米，将施入的肥料深翻均匀。

通过几种措施的综合应用，可以使新建棚区的土壤结构、肥力大大得到改善。

五、丝瓜生产中微肥的安全施用技术

丝瓜对氮、磷、钾的吸收量，随着生长发育而增加。生育初期需肥量少，主要促进植株的营养生长；在盛果期，氮和钾的吸收逐渐增多，这个时期如果肥料不足，花发育不良，植株生长不好。据测定，各种元素吸收量与产量呈正相关。

铁肥（硫酸亚铁）土壤施用量 1~3.75 千克/亩，叶面喷洒浓度 0.2%~1.0%。

硼肥（硼砂或硼酸）土壤施用量 0.75~1.25 千克/亩，浸种浓度 0.02%~0.05%，叶面喷洒浓度 0.3%~0.5%。

锰肥（硫酸锰）土壤施用量 1~2.25 千克/亩，浸种浓度 0.05%~0.10%，叶面喷洒浓度 0.05%~0.10%。

铜肥（硫酸铜）土壤施用量 1.5~2.0 千克/亩，浸种浓度 0.01%~0.05%，叶面喷洒浓度 0.02%~0.04%。

锌肥（硫酸锌）土壤施用量 0.25~2.50 千克/亩，浸种浓度 0.02%~0.05%，叶面喷洒浓度 0.1%~0.5%。

钼肥（钼酸铵）土壤施用量 30~200 克/亩，浸种浓度 0.05%~0.10%，叶面喷洒浓度 0.02%~0.05%。

六、丝瓜种子浸种消毒技术

针对当地的主要病害选用适宜的消毒方法。

1. 常温浸种

把种子放入常温水中清洗干净，再换水浸种 3~5 个小时。

2. 温汤浸种

把种子放入 50~55 ℃的温水中，保持水温均匀浸泡种子 15~20 分钟，放至常温后拿出洗净，再放入常温水浸 3~5 个小时，主要是为了杀死种子种皮表面的病菌。

3. 药物浸种

50% 速克灵浸种：先用清水浸种 1~2 小时，再放入速克灵 1500 倍水溶液中浸泡 10 分钟，捞出洗净，然后放入常温水中浸种 2~3 个小时。主要防治丝瓜灰霉病。

10% 磷酸三钠浸种：先用清水浸种 1~2 小时，捞出放入 10% 磷酸三钠溶液中浸泡 15~20 分钟，捞出后用清水洗净，然后再放入常温水中浸种 2~3 个小时。主要防治丝瓜病毒病。

七、丝瓜工厂化育苗的技术

1. 工厂化育苗的优点

育苗是蔬菜生产中的一个重要环节，是蔬菜获得早熟、高产、优质生产的重要环节。随着我国蔬菜产业的发展和工厂化农业的推进，蔬菜育苗也由传统的土法育苗、营养钵育苗逐步向以穴盘为主的工厂化育苗方向发展。我们经过多年穴盘育苗与传统育苗相比较得出，穴盘育苗主要表现以下几个优点。

（1）穴盘育苗的出苗日期、苗大小整齐一致，植株健壮，有利于种苗商品化。

（2）移植不易伤根，不窝根，成活率高。

（3）穴盘苗在脱盘时，根系和基质网结而成根坨相当结实，根系极好。

（4）移栽后无明显缓苗期，植株生长较快。

（5）种苗出圃时间不受季节限制。

（6）适合机械化操作，省工、省力。

（7）穴盘、种苗大小一致，便于远距离运输。

（8）适宜规模化生产、规范化管理，生产效率高。

2. 穴盘的选择

丝瓜工厂化育苗穴盘一般有50孔、70孔、100孔等多种型号，穴盘孔数的选用与所育的品种、计划育成品苗的大小有关，一般育大苗用穴数少的穴盘，育小苗则用穴数多的穴盘。

3. 基质的选择和配比

好的基质有以下几个特点：保肥能力强，能供应根系发育所需养分，并避免养分流失；保水能力好，避免根系水分快速蒸发干燥；透气性佳，使根部呼出的二氧化碳容易与大气中之氧气交换，避免或减少根部缺氧；不易分解，利于根系穿透，能支撑植物。基质一般由草炭土、蛭石、珍珠岩3种物质组成，通常使用的比例是草炭土：蛭石：珍珠岩 =3 ： 1 ： 1。

4. 基质的搅拌与装盘

基质在搅拌过程中喷上一定量的水，加水量原则上达到湿而不黏，用手抓能成团，一松手能散开的地步此时的水分正好。将这些基质装盘，小粒种子留的孔小一些，大粒种子则深一点，一般装好一个盘，用刮板刮掉其表面多余的基质，然后11个叠在一起，将它们往下压，要孔大的则力稍微大点，孔小的力就稍微小点，然后将第一张穴盘拿走。

5. 播种、覆土与覆膜

将催好芽的种子播于穴盘中，每穴播一粒种子，丝瓜种子要平放在穴盘中，以防止"戴帽"出土。播种后再进行覆土，用拌好的基质均匀地撒在播好种子的穴盘上，再浇透水使种子与覆的土完全的接触，有利于发芽，也可减少戴帽的概率。最后用一层薄膜覆于其表面，起到保温与保水的功能，提高发芽率。

6. 苗床管理

播种后种子一般在 7 天后发芽，一定要及时地将膜揭去，晚了容易出现徒长苗。病害主要是由于湿度大引起的，所以要控制好水分，用手触摸基质，感觉没有水时就浇，一般两天浇 1 次，做到不干不浇，浇则浇透。苗期易得猝倒病、叶霉病、立枯病等，除进行基质消毒灭菌外，病害发生时可用 20% 禾苗乳油 100 倍液灌根，或 75% 百菌清可湿性粉剂 800 倍液喷雾防治，及时将病株清除，在空的穴盘里撒石灰。害虫主要有潜叶蝇、白粉虱、蚜虫等，可采用张挂粘虫板，通风口使用 25 目防虫网等措施防治，一旦虫害发生，及时喷药防治。

八、丝瓜套袋采收管理技术

丝瓜为雌雄异花同株植物，在正常情况下，植株都是先开雄花，接着才有雌花和雄花混合发生，但经短日处理过的植株，有时会先开雌花，不过早期的雌花，多发育不良，不适合留果，应提早摘掉，以免影响植株正常发育。开花期间喷洒杀虫药剂时，为避免伤害授粉昆虫如蜜蜂等，影响授粉及果实产量，宜选择在下午花谢后喷洒。

为防止瓜实蝇在果实上产卵，可于授粉后，即花开败开始萎缩时，套以长宽为 33 厘米 ×18 厘米之白色美果袋，套袋可减少瓜实蝇为害和农药污染，确保产量和提高品质。雌花授粉后，子房逐渐膨大，这段时间，如遇土壤过于干燥或潮湿，或是授粉不完全，缺乏肥料，瓜实蝇为害等，都会造成畸形果、裂果、黄化果和流胶果等，这些果实宜及早摘掉，以免浪费植株养分和影响到其他果实之正常发育。丝瓜自播种至采收所需之日数，视育苗期的温度，早春温度回升快慢和品种对日照反应之敏感性而有很大的差异。大体来说，播种后60~80天开始进入采收期，气温较低，或寒流来袭次数较频繁会延迟采收期。

丝瓜生长势旺盛，生育期间管理良好，采收期可长达4~5个月，供鲜食用之普通丝瓜在开花后8~12天为适采期，供丝瓜络者，需经2个月，使果皮变黄褐色，果重变轻，纤维完全发达时，即可采收，采收后可将果皮剥掉，打出种子，用漂白水浸泡1~2小时后，再用水清洗干净晒干即可。棱角丝瓜之纤维较细且疏，不适合作丝瓜络，仅供鲜食用，开花后6~9天即可采收，采收丝瓜以早晨果温尚未升高时为宜，用割刀或剪刀在果梗2厘米处剪断，切口宜平，剪割时，尽量不要擦伤果皮和擦掉果粉，果实平摆在竹篓或纸箱内，运至包装场，为避免果实在运往拍卖或直销市场途中受到擦伤和水分蒸发，每果需用白报纸或牛皮纸包裹，然后再装入纸箱内，运往果菜市场拍卖或直销生鲜超市。

九、丝瓜嫁接育苗技术

1. 丝瓜嫁接育苗技术的优点

（1）增强植株抗病能力。用黑籽南瓜嫁接的丝瓜，可有效地防治丝瓜枯萎病，同时还可降低疫病的发病率。

（2）提高植株耐低温能力。由于砧木根系发达，抗逆性强，嫁接苗明显耐低温。如用黑籽南瓜嫁接的丝瓜在低温下根的伸长性好，在地温8℃左右能生长新根，而丝瓜根系发育最适宜温度为25~30℃，低于12℃就不能正常生长，所以嫁接丝瓜比自根丝瓜耐低温能力显著增强。

（3）有利于克服连作危害。丝瓜根系脆弱，忌连作，日光温室栽培极易受到土壤积盐和有害物质的伤害，换用黑籽南瓜根以后，可以大大减轻土壤积盐和有害物质的危害。

（4）扩大了根系吸收范围和能力。嫁接后的植株根系比自根苗成倍增长，在相同面积上可比自根苗多吸收氮钾30%左右，磷80%多，且能利用土壤深层中的磷。

（5）有利于提高产量。嫁接苗茎粗叶大，生育期延长，可使产量增加四成以上。

2. 丝瓜嫁接技术要点

（1）砧木选择。砧木品种的选择是提高嫁接成活率、保证丝瓜品质、防病增产的关键，南瓜是丝瓜嫁接的理想砧木。

（2）嫁接苗培育。采用插接的，丝瓜要比砧木晚播 3~5 天，使砧木苗大于丝瓜苗，便于嫁接。砧木种子催芽后，直接播种在营养钵中，每钵一粒。接穗种子催芽后，可以播种在苗床或育苗盘中，当砧木第一片真叶展平时为嫁接适期。

采用靠接的，丝瓜要比砧木早播 3~4 天，当接穗真叶长到一角钱硬币大小时为嫁接适期。

无论采用哪种嫁接法，在嫁接前 1 天傍晚将砧木浇透水，用多菌灵 700 倍液对砧木和接穗及周围环境进行消毒。

（3）嫁接方法。插接的，先用竹签或刀片将砧木生长点切除，然后用与接穗下胚轴粗细相同的竹签，在砧木切口处呈 45° 角向下斜插深约 0.5 厘米，竹签暂不拔出。取接穗在子叶下方 0.5 厘米处，由叶端向根端斜削长约 0.5 厘米的楔面，拔出竹签，随即把削好的接穗插入砧木孔中，使砧木子叶与接穗子叶呈"十"字形，立即用专用夹夹住接口，把嫁接好的营养钵紧密排列在苗床内，将小拱棚覆上膜。

靠接的，选用大小相近的砧木和接穗，在砧木下方 1.0 厘米处，用刀片呈 45° 角向下斜削一刀，深至胚轴的 1/2~2/3，长约 0.5 厘米。然后取接穗在子叶下方 1.5 厘米处，向上斜削一刀，长约 0.5 厘米，将接穗和砧木切口相互嵌合，叶片呈"十"字形，然后用专用夹将接口夹住，栽入营养钵。将营养钵密排在苗床内，浇足水，扣上小拱棚。栽时接口应高出钵面 3.0 厘米左右。

3. 丝瓜嫁接后的管理技术要点

从嫁接到成活需 10 天左右，此期间必须做好保湿、保温、遮光、放风和除萌等项工作。

（1）保湿。为了促进接口愈合，嫁接后 2~3 天内，棚室要密封，棚内湿度要达到饱和状态。2~3 天后湿度达到 90% ~95%。

（2）保温。为了促进接口愈合，嫁接后 2~3 天内棚内温度白天保持 28~30℃，夜间 15~18℃。2~3 天后，逐渐将小拱棚开口，白天保持 28℃，夜间不低于 15℃，超过 35℃ 或低于 10℃ 都会影响成活率。1 周后嫁接苗基本愈合，温度白天 25~28℃，夜间 13~14℃。10 天后同普通苗床管理。

（3）遮光。嫁接后 2~3 天内，棚室要全部密封，小拱棚加覆盖物，避免阳光直射苗床，防止嫁接苗萎蔫。3 天后早、晚可见散射光和侧光，在嫁接苗不萎蔫的情况下适当延长见光时间。1 周后开始放风炼苗，放风口由小到大，逐渐加大通风量，晴天中午光照强，必须用草苫遮光。如果棚内温度不够，也可隔苫遮光。

（4）断根。放风后 1~2 天，如果嫁接苗不萎蔫，接穗便可断根，在接口下 1.0 厘米和钵面处各切一刀。断根前 1~2 天将苗床浇足水。断根后中午仍要遮光 1~2 天。

（5）除萌。嫁接苗在苗床生长期间，砧木仍有侧芽萌发，如不及时摘除会影响接穗生长，因此，要及时除掉砧木上的萌芽，但不要损伤接穗和子叶。

十、棚室丝瓜栽培中 CO_2 气体施肥技术

1. 棚室栽培丝瓜 CO_2 气体施肥的方法

棚室栽培丝瓜，CO_2 来源一是 CO_2 发生器法：CO_2 发生器法是利用硫酸与碳酸盐反应产生 CO_2 的方法。在 1 亩的大棚内，每天加入约 3.6 千克碳铵于足够的硫酸中，可使 CO_2 浓度达到 1 000 毫克/升。

具体做法是：在大棚内设盛硫酸的容器，一般用塑料桶为宜，将小桶挂在不影响田间作业的空间，高度与丝瓜植株高度平齐，将 98% 的工业硫酸按酸与水比例 1∶3 稀释，切忌将水倒入酸中，以免溅出伤害丝瓜。每个小桶倒入 0.5 千克稀酸，每天每小桶加入碳铵 100 克，一般加一次酸可供加 3 日碳铵用，如果加入碳铵后不冒泡，表示稀酸反应完全，清除剩余溶液。清除的硫酸碳铵混合液对水 80~100 倍喷洒蔬菜叶片，不但能有效促进蔬菜的生长，而且还能有效地防治病虫害。

棚室栽培丝瓜，CO_2 来源二是增施有机肥料：在土壤中增施

有机肥料和地面覆盖玉米秸秆、麦糠等，这些有机物质在高温下经土壤微生物的作用，腐烂分解后释放大量的 CO_2，用于作物的光合作用。该法经济有效，但释放量有限。有机物的分解不仅改善了土壤结构，反过来又能促进作物根系对肥料的吸收和利用。

棚室栽培丝瓜，CO_2 来源三是吊袋 CO_2 施肥法：袋装 CO_2 肥，产品形态为粉末状固体，由发生剂和促进剂组成，将二者混合搅拌均匀，在袋上扎几个小孔，吊袋内的 CO_2 不断从小孔中释放出来，供植物吸收利用。把装有 CO_2 促进剂和发生剂的小袋吊置在丝瓜枝叶上端 40~60 厘米处，可在棚架两侧固定细铁丝挂在中间。每袋气肥使用面积 30 平方米左右，每亩可吊袋 22 袋左右。CO_2 气肥使用有效期 30 天左右，CO_2 释放量随着光照和温度的升高释放量加大，温度过低时 CO_2 释放较少。

棚室栽培丝瓜，CO_2 来源四是施用固体 CO_2 气肥：固体 CO_2 气肥，具有物理性状好、化学性质稳定、使用方法安全、肥效长等特点。具体施肥方法是在丝瓜生长旺盛期到来之前，在行间开沟撒施，片剂每隔 30 厘米放一片，而后覆土 2~3 厘米，使土壤保持疏松状态，有利于 CO_2 气体的释放。一般每亩施 30~40 千克，可使棚内 CO_2 浓度达到 800~900 毫克/升，有效期长达 60~80 天，高效期在一个月左右，施肥后通风时以中上部放风为宜。

在保证室内温度的前提下，打开通风口，使室内外空气交流，来补充室内 CO_2 浓度的不足。一般通风每天 1~2 次，以上午 10 时至下午 16 时为宜，通风时间长短根据棚内温度酌情掌握。温度在 25℃进行通风换气，温度 20℃时关闭通风口。

棚室栽培丝瓜，CO_2 来源五是直接供气法：直接供气法是利用钢瓶中的液态 CO_2，在温室内施放，在温室内根据测定的 CO_2 浓度，随时定期定量施放。此法的优点是气体纯正，供气浓度高、速度快，调控比较方便。缺点是成本高，需要专人精心操作。

棚室栽培丝瓜，CO_2 来源六是通风换气法：这种方法是棚室丝瓜栽培最经济的一种，一定要结合棚室内温度进行通风，不要仅仅为了增加 CO_2 而进行通风换气降低了棚室内的温度。

2. 棚室丝瓜栽培，大棚内二氧化碳施肥应注意哪些问题

（1）要正确掌握施用时期及时间。定植后到生长旺盛期施用 CO_2 肥，苗期一般不施 CO_2 气肥。育苗移栽，在定植缓苗后可少量施用，可连续施用 40 天左右。在施肥期间，要注意加强田间管理，加大昼夜温差，有利于光合产物的积累，可有效防止作物早衰。为防止徒长，可以从开花时起用。一天中，从日出到通风前 2 小时左右施用为宜。深冬季节，注意上午的 CO_2 使用时间，掌握在棚膜拉起 30 分钟后开始，一半在上午的 9：00—10：30，停止的时间在 11：00 左右。

（2）正确掌握使用浓度。要处理好增产与经济效益的关系。一般掌握丝瓜光合作用最适 CO_2 浓度为（800~1500）×10^{-6}。注意结合天气、温度、作物生长发育阶段等灵活掌握。

在阴雨天或下雪天不要施用，因为阴雨天和雪天作物光合作用弱，高浓度的 CO_2 会引起功能叶老化。

（3）加强水肥管理。在增施 CO_2 气肥以后，作物的光合强度显著提高，根系吸收能力增强，施肥浇水要跟上，施肥不能仅施单元素的氮肥，要根据作物种类选用三元素专用复合肥，可以有效地防止植株徒长，使丝瓜生长壮而不旺，稳而不衰。

（4）CO_2 施肥不当，作物增产效果不明显。丝瓜生长过程中，水分的多少、光照的强弱、温度的高低等都影响 CO_2 吸收利用。

在丝瓜叶片含水量接近饱和时最有利于光合作用的进行。光照强度影响温度的高低，棚室温度对光合作用的影响有一个下限值。在光照强度一定的情况下，棚室温度是作物光合作用的限制因子。低于 15℃效果较差，低于 12℃施 CO_2 气肥无效。地温在 15℃以上施 CO_2 气肥效果好。地温在 15~25℃范围内，地温每增高 1℃，作物光合作用合成的碳水化合物将增加 4%。

十一、深冬丝瓜应用反光幕技术

1. 反光幕的作用

深冬丝瓜生长结果处在冬季，日照时数少，光照弱，再加上草苫晚揭早盖，每天的受光时数更少，限制了蔬菜的生长发育。根据大棚温度和光照分布的特点，白天前部光照强、温度高，夜间前部温度低，昼夜温差大；后部白天光照比较弱，温度较低，夜间温度比前部高，昼夜温差小，冬季尤其是阴雨较多的月份，最大限度地利用光能，是温室生产取得高产高效的关键。在温室蔬菜生产上利用镀铝聚酯膜做反光幕，可增加光照强度约20%；提高室内气温1℃左右，提高地温2℃左右；采用反光幕后，改善了棚内光照状况，提高了气温、地温。据测定，距后立柱0米、1米、2米、3米处的光照强度，晴天分别比对照增加18 000勒克斯、14 900勒克斯、14 000勒克斯、6 000勒克斯；阴天比对照分别增8 000勒克斯、7 500勒克斯、2 500勒克斯、1 000勒克斯。日平均气温，晴天提高1.43℃，阴天提高0.88℃；10厘米地温，晴天提高1.12℃，阴天提高0.36℃。提高秧苗质量，增加产量和效益。

2. 使用反光幕分法

（1）时间。在11月初开始张挂反光幕，翌年4月初撤下，将反光幕妥善保管，第2年再用。

（2）用量。目前推广的反光幕幅宽1米，长度一般需用后墙长度的2倍，亩用量5千克，成本在250元左右。

（3）方法。量取两幅和温室后墙等长的反光幕，用透明胶带将两幅接在一起，形成2米宽的横幅。可直接固定在后墙上，也可以在温室中柱的前上端拉2道东西向细钢丝，将幕上下边沿钢丝折回3厘米，再用透明胶带或曲别针固定。

（4）注意事项。一是在中柱前挂幕的下面应留空当，以便浇水；二是靠近反光幕的地方，定植秧苗初期适当多浇水，以防灼苗；三是育苗床、架床和苗畦要距反光幕50厘米远，避免过近灼苗。

十二、温室丝瓜熊蜂授粉技术

利用蜂类昆虫为温室果蔬授粉，是一项高效益、无污染的现代化农业增产措施。熊蜂是最好的授粉昆虫之一，农业发达国家已把熊蜂授粉作为一项常规技术应用到农业生产当中。

利用熊蜂授粉可掌握作物花期最佳授粉时间，花粉活力较强，柱头受粉均匀，使每朵花得到多次重复授粉机会，有利于提高杂交优势，可大幅度增加果蔬的产量。熊蜂授粉的花朵比人工授粉坐果率提高 39%，果形正、着色好。经过测验，果蔬的可溶性糖增加27%、维生素含量增加 17%，而且可提前 3~5 天采摘，经济效益有很大的提高，明显优于人工授粉。另外应用熊蜂授粉，不仅避免了人工授粉对作物的碰伤和病害的传染，还减少了激素蘸花和使用化学农药所带来的污染，是生产绿色有机食品的重要保证。

为了防潮，棚内两个熊蜂授粉箱架在地面上。打开看，箱内自带饲料基本耗尽。1 个月左右的授粉时间，蜂王陆续产卵，新蜂不断孵化出房访花。对有粉无蜜的作物授粉，还要及时补充糖水，以保证蜂群正常发展和延长授粉时间。授粉期一过，它们的生命也就结束了。

熊蜂与蜜蜂、壁蜂等传粉昆虫相比：熊蜂授粉作物广泛，有蜜腺无蜜腺植物均适合，而蜜蜂仅访有粉有蜜腺植物；熊蜂适应的温湿度范围大，在 12~34℃范围内活动正常；熊蜂有较长的吻，对一些深花冠植物，如番茄、辣椒和茄子等作物授粉有效；熊蜂个体大、寿命长，一次可携带花粉数百万粒，对蜜粉源利用率比其他蜂种更加有效，授粉效率高于蜜蜂 80 倍；熊蜂耐低温和低光照，在蜜蜂不出巢的阴冷天气，它可以照常出巢采集、授粉；熊蜂耐湿性强、趋光性差，不像蜜蜂那样飞撞玻璃和棚室，低温高湿也可在植物花朵上采集；由于熊蜂没有灵敏的信息交流系统，能专心授粉，特别适合温室作物。

利用熊蜂授粉在发达国家已比较普遍。我国温室较多采用人工授粉，现也有不少地区引进国外熊蜂种，不仅价格高，且进棚后发现繁育能力较弱，对开花期较长的作物品种不适应，所以本地化熊蜂是首选蜂种。因其适应能力较强，能够繁殖大群，在授粉条件适宜的情况下，蜂群可逐渐繁殖到 600~800 只，能有效完成丝瓜花期的授粉。

第六章 丝瓜主要病虫害的识别
与防治技术

第一节 丝瓜病害的识别与防治技术

一、丝瓜猝倒病

1. 症状识别

猝倒病是大棚丝瓜苗期的重要病害之一，多发生在育苗床上，常见症状有烂种、死苗、猝倒。发病初期，植株主根或须根变黄，地上部无明显症状，以后病部明显扩展，地上部的叶片在中午时下垂，早、晚恢复。几天后，根部呈黄褐色湿腐，地下部呈青枯状萎蔫、死亡（图6-1-1）。

图6-1-1 丝瓜苗期猝倒病

2. 发病条件

病菌借助雨水和灌溉水流动传播，施用带菌堆肥或污染带菌土壤，也引起传播。该病菌生长要求较高湿度，孢子萌发、移动和侵染都需要水分。另外，若长期处于15℃以下，不利于幼苗生长，容易诱发猝倒病。

3. 防治措施

（1）生态防治。选用抗病品种；采用无土育苗法；加强苗床管理，保持苗床干燥，适时放风，浇水应在晴天上午进行，避免在阴雨天灌水；培育壮苗，提高抗病能力；清洁田园，切断越冬病残体组织；用异地大田土和腐熟的有机肥配制育苗营养土；严格控制化肥用量，避免烧苗；合理分苗、密植；控制湿度、灌水是关键。

（2）床土消毒。每平方米苗床用 95％恶霉灵原药（绿亨一号）1 克，对水成 3 000 倍液喷洒苗床。也可按每平方米苗床用 1 克绿亨一号，或 30％地菌光 2 克，或 30％多·福（苗菌敌）可湿性粉剂 4 克，或重茬调理剂 4 克，或 50％拌种双粉剂 7 克，或 35％福·甲（立枯净）可湿性粉剂 2~3 克，或 25％甲霜灵可湿性粉剂 9 克加 70％代森锰锌可湿性粉剂 1 克拌细土 15~20 千克，拌匀，播种时下铺上盖，将种子夹在药土中间，防治效果明显。

（3）土壤处理。取大田土和腐熟的有机肥按 6∶4 混匀，并按每立方米苗床土加入 100 克 80％多菌灵可湿性粉剂拌匀过筛装钵或做苗床土铺在育苗畦上。

（4）药剂防治。可选用 70％甲基托布津可湿性粉剂 800 倍液喷淋。多菌灵、络氨铜水剂、广枯灵、恶甲水剂、多菌灵＋福美双等药剂，可以混合生根壮苗剂、丰收一号、甲壳丰等生根剂施用。

发病初期喷洒 72.2％普力克水剂 400 倍液，或 70％代森锰锌可湿性粉剂 500 倍液，或 15％恶霉灵水剂 1 000 倍液等药剂，每平方米苗床用配好的药液 2~3 升，每隔 7~10 天喷 1 次，连续 2~3 次。喷药后，可撒干土或草木灰降低苗床土层湿度。苗床病害发生初始期，可按每平方米苗床用 4 克敌克松粉剂，加 10 千克细土混匀，撒于床面。灌根也是防治猝倒病的有效方法，于发病初期用根病必治 1 000~1 200 倍液灌根，同时用 72.2％普力克水剂 400 倍液喷雾，效果很好。也可使用新药猝倒必克灌根，效果很好，但注意不要过量，以免发生药害。

二、丝瓜立枯病

1. 症状识别

主要为害幼苗茎基部或地下根部，初为椭圆形或不规则暗褐色病斑，病苗早期白天萎蔫，夜间恢复，病部逐渐凹陷、溢缩，有的渐变为黑褐色，当病斑扩大绕茎一周时，最后干枯死亡，但不倒伏。轻病株仅见褐色凹陷病斑而不枯死。苗床湿度大时，病部可见不甚明显的淡褐色蛛丝状霉。从立枯病不产生絮状白霉、不倒伏且病程进展慢，可区别于猝倒病。

2. 发病条件与规律

以菌丝体和菌核在土中越冬，可在土中腐生 2~3 年。通过雨水、喷淋、带菌有机肥及农具等传播。病菌发育适温 20~24℃。刚出土的幼苗及大苗均能受害，一般多在育苗中后期发生。凡苗期床温高、土壤水分多、施用未腐熟肥料、播种过密、间苗不及时、徒长等均易诱发本病。

3. 防治措施

（1）农业防治措施。苗床要整平、床土松细。肥料要充分腐熟，并撒施均匀。苗床内温度应控制在 20~30℃，地温保持在 16℃以上，注意提高地温，降低土壤湿度，防止出现 10℃以下的低温和高湿环境。缺水时可在晴天喷洒，切忌大水漫灌。及时检查苗床，发现病苗立即拔除。

（2）化学防治措施。可于发病初期开始施药，施药间隔7~10 天，视病情连防 2~3 次。药剂选用：30%苯噻氰（倍生）乳油，75%百菌清可湿性粉剂 600 倍液，或 5%井冈霉素水剂 1 500 倍液，或 20%甲基立枯磷乳油 1 200 倍液，进行喷雾。若猝倒病与立枯病混合发生时，可用 72.2%霜霉威水剂 800 倍液加 50%福美双可湿性粉剂 800 倍液喷淋，每 1 平方米苗床用对好的药液 2~3 升。

三 、丝瓜霜霉病

1. 症状识别

症状苗期和成株期均可发生。主要为害叶片、茎、卷须及花梗。幼苗期发病，子叶正面产生不规则形的褪绿枯黄斑。潮湿时，叶背产生灰黑色霉层，严重时，子叶变黄干枯。成株期发病，多从下部叶片开始，逐渐向上蔓延。发病初，叶片正面发生水渍状淡绿色或黄色的小斑点，后渐扩大，由黄色变成淡褐色，受叶脉限制形成多角形的病斑，在叶片背面病斑处生成紫灰色霉层。在潮湿的条件下，霉层变厚，呈黑色。严重时，病斑连接成片，全叶黄褐色，干枯卷缩，全株叶片枯死。

图 6-1-2　丝瓜霜霉病

发病后，在高温干燥的条件下，霉层易消失，病斑迅速枯黄，病情发展较慢（图 6-1-2）。

2.发病规律

（1）温、湿度。霜霉病发生的适宜温度是 15~24℃，低于 15℃，高于 28℃不适于发病。病菌适宜的空气相对湿度为 80% 以上，湿度在 60% 以下时孢子囊不能产生。孢子囊萌发和侵入一定要在叶面上有水滴或水膜存在的条件下，否则不会发病。露地栽培在 20~24℃时，加上雨水多、雾大、结露多时，病害才能大流行。华北 5 月下旬至 6 月中下旬发病较多。温室内的丝瓜一般在 11 - 12 月和 2 - 3 月发病严重。

（2）品种。不同的品种间抗霜霉病有明显的差异。

（3）生育阶段。丝瓜植株不同的生育阶段抗病性有一定差异，结果初期和盛期发病较重。气孔已充分发育的叶片，有利于病菌的侵入，易染病。

（4）栽培管理。在地势低洼、栽植过密、通风不良、肥料不足、浇水过多的情况下，均易造成病害的流行。

3.防治方法

（1）品种。尽量选用抗病品种。

（2）栽培管理。培育壮苗，苗床增施有机肥料，尽量采用营养钵育苗，防止幼苗徒长和老化，提高幼苗的抗病力。选择地势高燥、排水良好的地块栽培，减少传染源。深翻和平整土地，施足基肥，增施磷、钾肥。生育前期多中耕少浇水，提高地温。生育期适当控制灌水，忌大水漫灌，雨季注意排水，最好利用滴灌暗灌。及时摘除病、老叶，加宽行距，改善通风透光条件。

大棚、温室内的丝瓜要加强通风，降低棚内空气湿度在90%以下。铺设地膜，降低土壤水分蒸发量，减少浇水次数，降低空气湿度。利用无滴薄膜，减少大棚薄膜结露滴水落在叶片上。

（3）生态防治。在大棚、温室管理中，利用控制温度条件，创造不利于病菌发生流行的环境条件，抑制病害的流行。上午及早闭棚，迅速提高棚内温度到28~33℃，使病菌停止发育。下午在20~25℃的温度时，及时放风，降低空气湿度，减少侵染。傍晚降低棚内温度在12~15℃，抑制病菌的生长发育。

（4）高温闷棚。闷棚前1天先浇水，在晴天上午闭棚提高棚内温度到44~46℃，保持2小时，后适当通风恢复常温。隔3~5天重复1次，可抑制病情的发展。

（5）营养防治。丝瓜生长中后期，如肥料不足、长势弱的情况下会出现营养不良，造成植株内汁液的氮糖浓度比值下降到2以下。此时，霜霉病易发生。而当比值提高到2.2以上时，则可防止病害的发生。为此，可用尿素0.25千克，加糖0.5千克，加水50千克，制成溶液，每5天1次，连续喷4~5次，一般在早晨喷在叶背面，此法可防止病害的大发生。

（6）清洁田园。在重发病区，收获结束，拔秧前，可用5%石灰水，每公顷1 500千克喷布均匀，或用石灰粉按每公顷300千克量喷粉，病株集中烧毁，可减少田间病菌残留。

（7）药剂防治。发病初期可用25%瑞毒霉可湿性粉剂800~1 000倍液，或40%乙膦铝可湿性粉剂300倍液，或75%百菌清可湿性粉剂500~800倍液，或50%克菌丹可湿性粉剂500倍液，或65%代森锌可湿性粉剂400~500倍液，或58%瑞毒霉锰锌500倍液，或64%杀毒矾M8的400倍液，或70%甲霜铝铜250倍液。可用上述药剂之一，每7~10天1次，连喷3~6次。

发病初也可用5%百菌清粉尘剂，每公顷15~22.5千克喷粉，每 8~10 天 1 次，连喷 3~6 次。在大棚、温室内亦可用 40% 百菌清烟剂，每室用药 200~250 克，把药分成 4~5 份，均匀分布在棚、室内，傍晚用暗火点燃，闭棚，次日晨通风，每 7 天 1 次，连熏 3~6 次即可。

四、丝瓜轮纹病

1. 症状识别

图 6-1-3　丝瓜轮纹病

本病主要为害叶片。叶片上病斑近圆形至不规则形，深褐色，边缘呈波纹状，病斑周围有褪绿或黄色区，病斑中间有波纹状同心轮纹。湿度大时，病斑表面现污灰色菌丝，后变为橄榄色，有时病斑上可见黑色小粒点。致病菌为蒂腐壳色单隔孢菌。分生孢子器洋梨形或扁球形，黑色，光滑，内生分生孢子。分生孢子长椭圆形，双胞，褐色，表面有纵行条纹（图 6-1-3）。

2. 发病规律

病菌以菌丝体和分生孢子器在病残体上越冬。翌年，条件适宜时分生孢子器内释放出分生孢子，经风雨传播，分生孢子萌发后由伤口侵入，也可由衰弱部位直接侵入。本病菌可引起柑橘焦腐病，分生孢子器在柑橘树枝干上越冬，故在南方柑橘种植地区病菌可从柑橘园传播到丝瓜种植田，引起发病。27~28℃适宜发病，湿度大或干湿与冷热变化大时易发病。肥料不足，管理粗放，长势衰弱，病情加重。

3. 防治措施

（1）选择地势高燥、排水良好地块种植。选用绿旺等耐湿性强的品种。

（2）施足腐熟粪肥，适时适量追肥，合理灌水，保持植株健壮生长，防止叶面早衰。

（3）注意及时防治守瓜类、椿象类害虫，防止病菌从伤口侵入。

（4）做好雨后排水，不使地面积水，防止湿气滞留。

（5）发病初期及时药剂防治，可选用75％百菌清可湿性粉剂600倍液，或50％苯菌灵可湿性粉剂1 000倍液，或36％甲基托布津胶悬剂500倍液，或30％绿得保胶悬剂300倍液，或80％新万生可湿性粉剂500倍液，或68％倍得利可湿性粉剂800倍液。

五、丝瓜疫病

1. 病害识别

为害叶片、茎蔓、果实。叶片发病，病斑发展迅速，为暗绿色边缘不明显的圆形、不规则形病斑，潮湿时软腐；干燥时干枯，青白色，易破裂。茎蔓以茎基部和节部发病较多，病部水浸状，暗绿色，软化缢缩，但维管束不变色。病部以上茎叶萎蔫下垂，重时枯死。果实发病，形成暗绿色、水浸状、稍凹陷病斑，俗称"打印"，病斑很快向四周扩展，致整个

图6-1-4 丝瓜疫病

果实发病，病瓜皱缩软腐，表面长出灰白色霉状物。致病菌为甜瓜疫霉菌。孢子囊梗直立，中间偶见单轴分枝，顶生孢子囊。孢子囊卵形或长椭圆形，单胞，顶端有较扁平乳头状突起。菌丝间可产生厚垣孢子。卵孢子球形，黄色（图6-1-4）。

2. 发病规律

病菌以菌丝体、厚垣孢子或卵孢子随病残体在土壤中越冬。卵孢子在土壤中可存活5年之久。翌春，越冬菌产生出孢子囊，借雨水、灌溉水传播，萌发后直接穿透表皮侵入，条件适宜时24小时即可发病，在有水存在时病部4~5个小时就可产生大量孢子

囊。病部产生的孢子囊及其萌发后形成的游动孢子，又借风、雨，及灌溉水传播，反复进行再侵染。9~37℃范围内病菌均可生长，最适温度为23~32℃，需95%以上相对湿度，并要求有水滴存在。病害发生发展主要决定于湿度，夏季雨后暴晴病势发展极为迅速。田间发病高峰往往紧接在雨量高峰之后。在当地当年雨季早、雨量大、降雨次数多，肯定田间发病早而重。

3. 防治措施

（1）选用抗（耐）病品种，如天河夏丝瓜、3号丝瓜、长度水瓜、短度水瓜、棒丝瓜等。

（2）重病地与非瓜类作物实行3~5年轮作。平畦栽培改为高畦栽培，地面爬蔓改为插架上蔓，最好高畦覆地膜栽培。

（3）施足充分腐熟粪肥，避免偏施氮肥，增施磷、钾肥。适当控制灌水，雨后及时排水。灌水和雨后，地面绝不能有积水。

（4）发现中心病株，及时拔除深埋或者烧掉。

（5）化学防治：一般在发病前或初见发病，连续用药防治。药剂可选用58%甲霜灵锰锌可湿性粉剂500倍液，或80%乙膦铝可湿性粉剂500倍液，或64%杀毒矾可湿性粉剂500倍液，或72.2%普力克水剂700倍液，或72%克露可湿性粉剂600倍液，或18%甲霜胺锰锌可湿性粉剂600倍液，或30%绿得保胶悬剂400倍液，或77%可杀得可湿性微粒粉剂600倍液。也可用70%敌克松可湿性粉剂1 000倍液，或10%高效杀菌宝水剂200~300倍液灌根。

六、丝瓜枯萎病

1. 病害识别

成株多在开花结瓜后发病。初时表现为部分叶片或植株一侧叶片，中午萎蔫下垂，似缺水状，早晚尚可恢复。后萎蔫叶片不断增多，逐渐遍及全株，最后整株枯死。植株茎蔓基部有少许琥珀色胶质物溢出，潮湿时表面出现白色略带粉红色霉状物。后期病部纵裂，纵切病茎可见维管束变成褐色。致病菌为尖镰孢菌丝

图 6-1-5 丝瓜枯萎病植株

图 6-1-6 丝瓜枯萎病的根

瓜专化型。大型分生孢子梭形或镰刀形，无色，顶胞圆锥形，基部倒圆锥形，有脚胞，具 1~3 个隔膜。小型分生孢子椭圆形、卵形，无色，单胞（图 6-1-5、图 6-1-6）。

2. 发病规律

病菌主要以菌丝体、厚垣孢子和拟菌核，在土壤和未腐熟的带菌粪肥及病残体中越冬。种子也可带菌。病害在田间主要依靠灌溉水、风雨和土壤耕作传播。地下害虫和土壤中线虫也可带菌，而且为害时造成的伤口为病菌侵入创造了条件。带菌种子可做远距离传播。带菌粪肥是病田扩大的主要原因。病菌多由根部伤口侵入，也可由根毛顶端细胞间隙侵入，后进入维管束，在导管内发育。土温 15~20℃，过湿或过干，土壤偏酸性，土质黏重，是发病重要条件。

3. 防治措施

（1）使用无病种子。或种子用 70% 甲基托布津或 50% 多菌灵 500 倍液浸种 30 分钟。直播时，种子可用种子重量 0.3% 的药剂拌种。

（2）嫁接苗移栽时不要栽培过深，在生长前期要做好清根工作，防止丝瓜产生不定根扎入土壤，一旦发病要及时采取清理断根手术。

（3）实行轮作。轮作时间为 3~5 年以上。

（4）选用抗病品种。

（5）培育无毒苗。可用新苗床无病土育苗，如果是旧苗床，可用 50% 多菌灵，每平方米 8 克，加半干细土 10~15 千克，拌匀后将 2/3 的药土施入苗床土壤中，把 1/3 药土作为盖土，不够厚可加上经过细筛的无病土。

（6）合理施肥。施足有机肥，增施磷钾肥。实行瓜地轮作。枯萎病属于典型的土传病害，连作地对该病流行、暴发十分有利。因此，在栽培上必须与非瓜类作物进行轮作，轮作时间至少在 3 年以上。

提倡高垄栽培。深沟高垄，田间排水流畅，土壤含水量低，可在一定程度上控制该病的发生与流行。因此，在栽培上，特别是在多雨地区，要求"三沟"要配套，主沟和围沟一定要深达犁底层。

搞好床土消毒。高床当选择在 3 年内没有种过丝瓜的地块，床土一定要消毒。消毒方法：播种前 5 天将土壤翻耕，稍微整平。每平方米用福尔马林 250~300 毫升，对水 15~20 千克，均匀喷洒，然后用塑料薄膜覆盖 4~5 天，揭开塑料薄膜使甲醛完全挥发后再播种。

（7）适时施药防治。药剂防治应抓住幼苗定植后、开始坐果时和病害始发三个关键时期，选用 50% 多菌灵 500 倍液或 70% 甲基托布津 1 000 倍液全株喷施。

灌根防治：发病初期，用 50% 多菌灵 500 倍液或 25.9% 植保灵 500 倍液，每株灌根药液 0.25 千克，10 天后再灌一次，连续灌 2~3 次。

图 6-1-7　丝瓜病毒病

七、丝瓜病毒病

1. 症状识别

幼嫩叶片呈深绿与浅绿相间的斑驳或褪绿小环斑，老叶上为黄绿相间的花叶或黄色环斑，叶脉抽缩使叶片畸形，缺刻加深，后期老叶产生枯死斑。瓜条染病变细小且呈螺旋状扭曲畸形，并有褪绿斑（图6-1-7）。

2. 发病规律

其发病原因是品种感病，蚜虫传播病毒严重为害，播种期偏迟，栽培管理粗放，以及预防不及时。

3. 防治方法

（1）选用抗病品种及种子处理。棒槌丝瓜及江蔬1号杂交种较蛇形丝瓜抗病毒病及霜霉病。播种前用60~62℃温水浸种10分钟后，移入冷水中冷却，晾干后播种。或用10%磷酸三钠溶液浸种20分钟后，用清水冲洗干净，催芽播种。

（2）适当早播或晚播。根据本地当年的气候情况调整播种期，或采用保护地设施栽培，将丝瓜幼苗期避开蚜虫迁飞高峰期。

（3）加强管理。合理施肥，增施磷钾肥，使植株健壮，增强耐病性。及时清除杂草。农事操作中注意病健株分开，在病株上操作后，用肥皂水或牛奶洗手后，再在健株上操作。

（4）及时灭蚜。每亩用10%吡虫啉20克对水50千克喷雾。蚜虫多集中于叶背及嫩梢上，喷雾时务必做到细致周到。

（5）药剂防治病毒病。发病初期用20%病毒A 500倍液，或1.5%植病灵1 000倍液，或83增抗剂100倍液，或病毒清400倍液，或抗病威800倍液，喷雾防治，也可用病毒K 3 000倍液灌根。

八、丝瓜灰霉病

1. 症状识别

主要为害幼瓜、叶、茎，病菌多从开败的雌花侵入、致花瓣腐烂，并长出淡灰褐色的霉层，进而向幼瓜扩展，致脐部呈水渍状，幼花迅速变软、萎缩、腐烂，表面密生霉层。较大的瓜被害时，组织先变黄并生灰霉，后霉层变为淡灰色，被害瓜受害部位停止生长、腐烂或脱落。叶片一般由脱落的烂花或病卷须附着在叶面引起发

图6-1-8　丝瓜灰霉病病叶

病，形成直径20~50毫米大型病斑，近圆形或不规则形，边缘明显，表面着生少量灰霉。烂瓜或烂花附着在茎上时，能引起茎部的腐烂，严重时下部的节腐烂致蔓折断，植株枯死（图6-1-8）。

2. 发病规律

病菌以菌丝或分生孢子及菌核附着在病残体上，或遗留在土壤中越冬。越冬的分生孢子和从其他菜田汇集来的灰霉菌分生孢子随气流、雨水及农事操作进行传播蔓延，丝瓜结瓜期是该病侵染和烂瓜的高峰期。本菌发育适温18~23℃，最高30~32℃，最低4℃，适湿为持续90%以上的高湿条件。春季连阴天多，气温不高，棚内湿度大，结露持续时间长，放风不及时，发病重。棚温高于31℃，孢子萌发速度趋缓，产孢量下降，病情不扩展。

3. 防治方法

应加强通风，及早摘除受害果，发病初期及时喷药防治。

（1）生物防治用木霉素300~600倍液防治灰霉病效果较好，且无毒无污染，在无公害蔬菜生产中值得推广。

（2）选用抗病品种。

（3）清洁棚室，瓜类蔬菜的病花、叶、瓜、茎及时清除并带出田外烧掉或深埋，以减少菌源。

（4）根据棚外天气情况，合理放风，降低棚内湿度和叶面积露时间。

（5）增施有机肥，合理施用氮、磷、钾肥，控制氮肥用量。

（6）合理密植，保证通风透光。在丝瓜蘸花的药剂中加入"特立克"500倍液再蘸花，可防治灰霉病。在丝瓜蘸花后7~15天后喷1~2次"特立克"500倍液，可防治果实灰霉病。采用双垄覆膜、膜下滴水的栽培方式，除增加土壤温度外，还可明显降低棚内相对湿度，从而抑制丝瓜灰霉病的发生与再侵染。疏除多余的蕾、花、果并适当摘除老叶，带出田外集中处理。

（7）与非瓜类蔬菜实行间隔2~3年的轮作换茬。

（8）化学防治。

① 防治适期。药剂防治适期，要在苗期和花果期这两个阶段，并交替使用两个种类或剂型的药剂，其技术要点是：①重视苗期防治。即在灰霉病发病第一个高峰前用药，宜早不宜迟。②强化花果期防治。即在灰霉病第二个高峰期（2月中旬至3月上旬，初花期开始），间隔7~10天（视农药品种而定）连续用药多次，保花保果。必须强调的是，花果期是重点防治时期。

② 适用药剂。

专性杀菌剂：苯并咪唑（BCM）类的多菌灵、甲基托布津、灭克粉尘等；二甲酰亚胺(SMX)类及其复配剂的速克灵(腐霉利)、扑海因（异菌脲）、农利灵、利得（含可湿性粉剂、烟剂、粉尘）菌核净、灰霉特等；氨基甲酸酯（CFT）类及其复配剂甲霉灵、多霉灵、万霉灵（乙霉威）粉尘等。

保护剂：有预防作用，如百菌清（含可湿性粉剂和烟剂）、大生、代森锰锌、克菌丹等。近几年来，各地开发试验了多种农药（或剂型）防治灰霉病，都取得了较好的效果。例如，百菌清烟剂防治灰霉病用药2次，效果可达84%~100%；6.5%硫菌霉威防治灰霉病连施2~3次，效果在78%以上；28%灰霉克防治大棚蔬菜灰霉病的效果一般达90%以上；40%嘧霉胺悬浮剂用药3~4次对丝瓜灰霉病的防效达80%~90%以上；3%灰霉净烟剂用药3次后对灰霉病的防效一般都在90%以上；6.5%万霉灵超细粉尘用药3次防治灰霉病的效果也均在80%以上。

九、丝瓜炭疽病

1. 症状识别

此病在幼苗和成株期都能发生，植株子叶、叶片、叶柄、茎蔓和果实均可被侵染。症状常因寄主的不同而略有差异。病斑呈同心轮纹为该病后期的主要特征。发病初为淡黄色近圆形小斑点，后扩大变为黑褐色，且具轮纹，干燥时病斑中央易穿孔破裂。

　　丝瓜幼苗发病，沿子叶边缘出现圆形或半圆形、稍凹陷的褐色病斑；幼茎基部受害，病部变色、缢缩并引起倒伏。成株发病，叶片上初为水渍状圆形小斑点,扩大后呈黄褐色至红褐色近圆形病斑，边缘有黄色晕圈，病斑上有不明显的小黑点轮纹，潮湿时产生粉红色黏稠状物质（分生孢子堆），干燥时病部挣裂、脱落。后期多个病斑相互连片，颜色深褐，叶片焦枯至死。茎蔓和叶柄上的病斑棱形或长圆形，灰白色至黄褐色，凹陷或纵裂，有时表面生有粉红色小点。茎蔓和叶柄被病斑

图 6-1-9　丝瓜炭疽病

环蚀后，叶片萎垂，茎蔓枯死。瓜条受害，初为淡绿色水渍状斑点，扩大后呈暗褐色至黑褐色，稍凹陷，后期病部表面生有小黑点或粉红色黏稠物（图 6-1-9）。

2. 发生规律

　　病菌主要以菌丝体及拟菌核（未成熟的分生孢子盘）随植株病残体在土壤里越冬，亦可以菌丝体潜伏于种皮内越冬。带菌种子可作远距离传播。另外，塑料大棚、温室的连作丝瓜，不仅常年保持菌源，其设施和架材也是病菌越冬的重要场所。翌春环境条件适宜，菌丝体和拟菌核发育成分生孢子盘，产生分生孢子，形成初次侵染来源。未经消毒的种子播种后，病菌可直接侵染子叶引起发病。寄主染病后，遇适宜温、湿度条件，在病部形成分生孢子盘产生分生孢子，凭借风雨、灌溉水及农事操作、昆虫携带进行传播，形成多次再侵染。

　　炭疽病的发生与流行，温、湿度的影响最为密切。虽然病菌在 10~30℃温度范围内均可生长，但病害往往在气温 18℃左右时才开始发生，22~24℃时发生普遍，27~28℃以上病势即减弱或受抑制。湿度是诱发此病的主导因素。在适温条件下，空气相对湿

度愈高，发病潜育期愈短。持续87%~95%的高湿时，潜育期仅3天，降至54%以下时，病害则很难发生。总的以气温22~24℃、空气相对湿度95%以上时发病最重。此外，连作地块、黏重偏酸土壤、排水不良、偏施氮肥、塑料大棚和温室光照不足、通风排湿条件差，均可诱发此病严重发生。一般植株在生长中后期为害较重，瓜果的抗病性，随着果实成熟度而降低。

3. 防治措施

（1）加强栽培管理。与非瓜类作物实行3年轮作或与水稻轮作1年；选优质无病瓜采种；注意清除田间病残体；施足优质有机底肥，结瓜期及时补充追肥；搞好田间排水，通风降湿。

（2）苗床和棚室消毒。苗床消毒，可用1：1的40%五氯硝基苯加50%多菌灵混合，按8克/平方米拌细土作垫土和盖种；定植前温室和大棚进行消毒，按2.5克/平方米用硫黄粉加锯末点燃，密闭熏蒸一夜，消灭残留病菌。

（3）加强栽培管理。选择通透性良好的沙壤地和有排水、灌溉条件的田块种植；与非瓜类作物实行3年以上轮作；高畦覆膜栽培，施足基肥，增施磷钾肥和有机肥，增强作物抗病性；及时清除病株残体，减少病源；丝瓜坐瓜后铺草垫瓜，防止与土壤接触传病。塑料大棚、温室栽培丝瓜，上午以闭棚为主，将温度保持在30~32℃，午后和晚上放风，使湿度降至70%以下，或地面铺稻草、麦秸等吸潮，控制病害发生。贮运时严格剔除病瓜，贮运的场所要适当通风降温。

（4）药剂防治。发病初期摘除病叶、老叶，每7天左右喷1次药，多种农药交替使用，连喷3~4次。药剂可选用：50%多菌灵可湿性粉剂500倍液；70%甲基托布津可湿性粉剂800倍液，50%炭疽福美可湿性粉剂400倍液；70%代森锰锌可湿性粉剂600倍液；65%代森锌可湿性粉剂500倍液；75%百菌清可湿性粉剂500倍液；80%大生可湿性粉剂800倍液；25%施保克乳油4 000倍液；2%抗霉菌素（农抗120水剂）200倍液或2%武夷霉素水剂200倍液等。发病较轻的保护地，还可用45%百菌清烟

图 6-1-10　丝瓜白粉病

雾剂（安全型）3 750 克/公顷，效果也很好，且兼治多种气传病害。80%炭疽福美可湿性粉剂 800 倍液；10%世高水分散性颗粒剂 1 000 倍液（瑞士诺华制药公司新产品）等。隔 7~10 天喷一次，连续喷 3~4 次。

十、丝瓜白粉病

1. 症状识别

主要为害叶、叶柄和茎。叶片正背面初生圆形或不规则白粉斑，后来连片，叶片变黄、干枯。发病初期，不易发觉，严重后防治困难，影响产量，应以预防为主（图 6-1-10）。

2. 发病规律

发病规律：病菌借气流传播到寄主叶片上进行侵染。分生孢子的寿命短，在 26℃条件下只能存活 9 小时，30℃以上或 –1℃以下很快失去活力。分生孢子萌发和侵入的适宜湿度为 90%~95%，但在低湿甚至干旱条件下仍会流行。

3. 防治措施

（1）加强田间管理。注意通风透光，施足底肥及时追肥，合理浇水，防止植株徒长和早衰。

（2）大棚、温室等保护地。瓜类定植前，先用硫黄粉或百菌清烟剂灭菌。每 50 立方米棚室用硫黄粉 120 克，加锯末 250 克，盛于花盆内，分放几点，傍晚密闭棚室，暗火点燃锯末熏一夜；百菌清烟剂使用方法同黄瓜霜霉病。

（3）生长期药剂防治。用 15%三唑酮（粉锈宁）可湿性粉剂 1 500 倍液，或 50%多硫胶悬剂 300~400 倍液，或 45%敌唑酮可湿性粉剂 3 000~4 000 倍液，或农抗"120"150 倍液，或武夷菌素 150 倍液于发病初期喷雾，每 7~10 天喷 1 次，视病情连续防治 2~3 次。

十一、丝瓜细菌性角斑病

1. 症状识别

侵染丝瓜，叶、叶柄、茎蔓、瓜条等部位均可受害。幼苗染病在子叶上出现湿润状稍凹陷的暗绿色小圆斑，后变为黄褐色，病斑多时可使子叶早枯。成株主要为害中下部叶片，染病叶出现许多湿润状淡黄色小斑点，对光看呈半透明状，因受叶脉限制，病斑呈多角形，逐渐变为黄褐色，潮湿时病斑背面溢出乳白色菌脓，干后留下灰白色痕迹，易破裂。与瓜类霜霉病不同处是病

图6-1-11 丝瓜细菌性角斑病

斑小很多，不长霉层。叶柄、茎蔓、卷须等部染病出现湿润状暗褐色小点并纵向扩展成短条斑，潮湿时亦有乳白色菌脓。瓜条染病出现湿润状暗褐色凹陷病斑，后来病部开裂并向内扩展使果肉变深褐色。细菌沿维管束可侵入到种子内（图6-1-11）。

2. 发生规律

病原细菌随病残体在土壤中越冬、越夏，成为下一季发病的初侵染菌源。细菌还可在种皮和种子内部存活1~2年，播种带菌种子可直接引起子叶和幼苗发病。病原细菌通过风雨溅散、农事操作或昆虫传播，从植株的气孔、水孔或伤口侵入，在适宜条件下孔口侵入的7~10天便发病，伤口侵入的3~5天便发病。初侵染发病后病部溢出菌脓含有大量细菌，通过传播可进行频繁的再侵染。

多雨和高湿度是此病流行的主要条件，最适于发病的温度是23~26℃，因此，雨多、雨量大、持续期长，或露多雾重，气温偏高时有利于此病的发生，山东省春植丝瓜4—5月下旬为发病盛期。栽培因素：凡地势低洼，土质黏重，排水不良，灌水过多，田间郁蔽不通风及管理粗放的瓜田均较易诱发此病。

3. 防治措施

（1）选无病优质瓜留种。

（2）种子处理。用100万单位硫酸链霉素500倍液浸种2小时，然后用清水充分冲洗干净便可催芽播种。

（3）避免瓜类连作，最好与水稻轮作一年。

（4）加强管理。清除病残体，深翻晒田，增施优质有机肥，起高畦种植，及时支架提蔓、绑蔓，及时中耕除草以利田间通风降湿。

（5）药剂防治。发病初期可选喷下列药剂，如72%农用链霉素可溶性粉剂2 000倍液；30%氢氧化铜悬浮剂500倍液；30% DT（琥胶肥酸铜）500倍液；77%可杀得可湿性微粒粉剂500倍液。隔7天一次，连续喷3~4次。

十二、丝瓜根结线虫病

1. 症状识别

该病主要为害根部。以侧根和支根最易受害。侧根受害后布满根瘤，形似天冬根或近球形瘤状物，受害植株萎缩或黄化，高温干旱时茎叶出现萎蔫，重者植株生长停滞或枯死。病株生长衰弱、矮小、黄花，状似水分不足引起的，不结实或结实不良。早晚气温较低或浇水充足，暂时萎蔫的植株可恢复正常，随着病情发展，萎蔫不能恢复，直到植株枯死。把瘤状物剖开，可见组织中有乳白色细小梨状雌虫。

病原线虫为爪哇根结线虫。病原线虫随病组织，或以幼虫在土壤中越冬，翌年水分和温度适宜时，再侵入根部为害。病土和带线虫的肥料是主要传播来源，农具和人员来往造成互相传播。

病原线虫的生育适温25~30℃，较耐干旱，在通气良好的沙性土壤

图 6-1-12　丝瓜根结线虫病

中往往发病严重（图6-1-12）。

2. 发病规律

在温度25~30℃，土壤湿度40%~70%条件下，线虫繁殖很快。高于40℃低于5℃都很少活动，致死温度为55℃持续10分钟。凡地势高燥，土质疏松、湿度适当、盐分低的中性沙土，适宜根结线虫的活动，发病重。土壤潮湿、黏重、板结的田块，不利于根结线虫的活动，发病轻，连作地发病较重，连作期限愈长，发病愈重。由埋藏在寄主根内的雌虫产卵，卵经数小时后形成1龄幼虫，在卵壳内，脱皮后钻出卵壳即为2龄幼虫，2龄幼虫在土中移动，寻找根尖，从根冠上方侵入，定居在生长锥内，并分泌刺激物，形成巨型细胞和根结（虫瘿）。在生长季节中，线虫可以对数值进行增殖。在大棚、温室中由于种植作物单一，又连年种植，导致寄主植物抗性衰退，环境条件又较适宜线虫生长发育和为害，因此线虫为害逐年加重。

3. 防治措施

（1）农业措施。

① 选用无虫土育苗：移栽时剔除带虫苗或将"根瘤"去掉。清除带虫残体，压低虫口密度，带虫根晒干后应烧毁。

深翻土壤。将表土翻至25厘米以下，可减轻虫害发生。

轮作防虫。据调查瓜类、芹菜、番茄易感病，受害重，线虫发生多的田块，改种抗（耐）虫作物如禾本科、葱、蒜、韭菜、辣椒、甘蓝、菜花等或种植水生蔬菜，可减轻线虫的发生。高（低）温抑虫。利用夏季高温休闲季节，起垄灌水覆地膜，密闭棚室两周。利用冬季低温冻垡等可抑制线虫发生。

② 清洁田园：把上茬有病植株的残体和残根要彻底清除干净，集中深埋或烧毁。对用过的农具也要清洗干净，防止扩大传染。

③ 培育无病苗：温室、大棚要用无病土育苗，移栽时要认真检查，发现病株，立即剔除。

④ 翻晒病田和土壤熏蒸：收获后进行土壤深翻，使表层土疏

松日晒后易干燥，不利于线虫活动，虫源减少。在丝瓜拉秧后要深翻，灌水，施入敌敌畏熏蒸剂（每亩用 80% 敌敌畏乳油 0.25~0.5千克，对水 50~100 千克），然后铺地膜，闷棚 15 天左右，可杀死耕作层大部分线虫。不加药剂进行闷棚也有一定效果。

⑤ 利用春、秋茬间休闲时间，于盛夏挖沟起垄，沟内灌满水，然后覆盖地膜，密闭棚室 15~20 天，利用高温、窒息作用，杀灭土壤中线虫。

⑥ 施用腐熟的有机肥料。施用不带病菌的厩肥、河泥等有机肥。

⑦ 选用地势高燥的田块，并深沟高畦栽培，雨停不积水。

⑧ 地膜覆盖栽培，可防治土中病菌为害地上部植株。

⑨ 采用嫁接措施，选择抗性好的砧木嫁接，如黑籽南瓜等。

（2）药剂防治。

定植前土壤处理：氯化苦处理土壤。每亩用氯化苦 30~40千克，如是原液，需用专用注射枪按行距 30 厘米，穴距 30 厘米，注入 20 厘米深的土壤中，每穴注入量为 2~3 毫升，封闭注射口。也可以放入氯化苦胶囊 2~3 粒，封闭。然后在地面用塑料薄膜覆盖严实，保持 10~15 天，耕翻土壤散发尽土壤中残留的农药，7~10 天后再播种或定植。

发病时，可对病部用 50% 辛硫磷乳油 1500 倍液，90% 晶体敌百虫 800 倍液，每株 0.25~0.5 千克。定植后也可用 1.8% 的阿维菌素乳油，每平方米 1 毫升，稀释 1 000 倍液灌根 1~2 次，间隔 10~15 天，防效良好。其他的药剂还有线虫净、线虫灵等皆有防治效果。

（3）生物防治。用线虫清杀虫，在播种时进行拌种，或定植时拌入有机肥中穴施。具体用法、用量可参看产品说明书。连年使用该剂对防治各种土壤线虫有良好效果，对作物无残毒，也不污染土壤和水源，对作物还有一定的刺激生长作用。

注意事项：该剂不能与杀菌剂混用。过期失效的药剂不能再用。

（4）切断线虫传播途径。

① 根结线虫在土壤中多分布在 20 厘米深土层内，以 3~10 厘米土层内最多，常以卵或二龄幼虫随病体在土壤中越冬。

② 病土、病菌及灌溉水是主要的传播途径。

③ 该虫一般可存活 1~3 年，翌春条件适宜时，由埋藏在寄主体内的雌虫产卵，从根冠侵入。

④ 在大棚、温室中连年种植，导致寄主植物抗性衰退，环境条件又适宜，因此，为害逐年加重。

十三、丝瓜褐斑病

1. 症状识别

主要为害叶片。叶上病斑圆形、近圆形或不规则形，大小为 3~10 毫米，边缘不明显灰褐色。病斑组织变薄，易破碎。霉层少见，有时在日出或日落时病斑上可见银灰色光泽，此由病原体反

图 6-1-13 丝瓜褐斑病

射所致。发病重时，叶上病斑多常造成叶片支离破碎（图 6-1-13）。

2. 发病规律

病菌随病残体在土壤中越冬，借风、雨传播，分生孢子发芽后从气孔侵入。发病后，病斑上产生分生孢子传播出去，引起再侵染，病害在田间迅速扩展蔓延。病菌喜温暖、高湿条件。温度 23~25℃，相对湿度 85% 以上，是病害发生的适宜条件。

3. 防治方法

（1）农业措施。高畦栽培，做好开沟排水工作，防止田间积水。重病地与非瓜类蔬菜进行 2 年轮作。施足粪肥，适时追肥。避免氮肥过多。灌水要小水勤灌，严禁大水漫灌。雨后及时排水。及时摘除初期病叶，控制田间病情发展。收获后彻底清除田间病残体，并深翻土壤。

（2）药剂防治。发病初期抓紧进行药剂防治，可用 75% 百菌清可湿性粉剂 500 倍液，或 60% 百菌通可湿性粉剂 500 倍液，或 40% 甲霜铜可湿性粉剂 600 倍液，或 68% 瑞毒铝铜可湿性粉

图6-1-14　丝瓜黑星病

剂400倍液，或58%甲霜灵·锰锌可湿性粉剂500倍液，或36%甲基托布津悬浮剂400倍液，或50%多霉威可湿性粉剂1 000倍液等药剂喷雾防治。

十四、丝瓜黑星病

1.症状识别

发病初期叶面出现褪绿小斑点，逐渐扩大为2~5毫米淡黄色病斑，边缘呈星纹状，干枯后呈黄白色，易穿孔，形成边缘有黄晕的星星状孔洞（图6-1-14）。

2.发病规律

病菌靠雨水、气流和农事操作传播。病菌从叶片、果实、茎表皮直接侵入，或从气孔和伤口侵入。在相对湿度93%以上，温度在15~30℃，植株叶面结露时，该病容易发生和流行。

3.防治方法

（1）农业措施。降低种植密度，升高棚室温度，采取地膜覆盖及滴灌等节水技术，及时放风，以降低棚内湿度。

（2）种子及设施消毒。用55~60℃温水浸种15分钟，或50%多菌灵可湿性粉剂500倍液浸种20分钟后冲净催芽。直播时可用种子重量0.3%的50%多菌灵拌种。进行设施消毒，定植前用烟雾剂熏蒸棚室（此时棚室内无蔬菜），杀死棚内残留病菌。生产上常用硫黄熏蒸消毒，每100立方米空间用硫黄0.25千克、锯末0.5千克混合后分几堆点燃熏蒸1夜。

（3）药剂防治。发病初期可用50%多菌灵可湿性粉剂500倍液，或50%苯菌灵可湿性粉剂1 000倍液，或75%甲基托布津600倍液，或50%甲米多可湿性粉剂1 500~2 000倍液，或70%代高乐可湿性粉剂800~1 200倍液，或40%杜邦福星800~1 000

倍液，或 50%退菌特可湿性粉剂 500~1 000 倍液，或克星丹 500 倍液等药剂喷雾，每 7 天 1 次，连续防治 3~4 次。

十五、丝瓜绵腐病

1.症状识别

主要为害果实。一般多是植株下部，尤其是接触地面的果实发病。果实发病，多从脐部或伤口附近出现水浸状斑点，迅速扩展成大型水浸状褐色病斑，有时扩展至半个果实至整个果实。果实发病部位表面在湿度大时长有一层白霉，最后病果腐烂（图6-1-15）。

图 6-1-15 丝瓜绵腐病

2.发病规律

病菌在土壤中营腐生生活，翌年条件适宜时放出游动孢子，借雨水反溅或灌溉水流传播，与植株下部或触地果实接触，侵入后引起发病。发病适温 27~28℃，要求 95% 以上的相对湿度，游动孢子需有水滴存在。因此，高湿度和水就成为发病的决定性因素。地势低洼，地下水位高，雨后积水地块发病严重。

3.防治方法

（1）农业措施。选用绿旺、3 号丝瓜、短度水瓜、长度水瓜等耐湿性强的品种。高畦栽培，覆盖地膜，或雨季来临前地面敷草，阻隔土中病菌从而减轻发病。雨后排水，做到地面无积水。及时绑架、整蔓，适度打掉植株下部老叶，增强通风透光，降低株间的湿度。及时摘收植株下部果实。

（2）药剂放置。发病初期可用 25% 甲霜灵可湿性粉剂 800 倍液，或 58% 甲霜灵锰锌可湿性粉剂 500 倍液，或 72% 克露可湿性粉剂 500 倍液，或 72.2% 普力克水剂 600 倍液，或 80% 高铜尚湿性粉剂 800 倍液，或 15% 恶霉灵水剂 500 倍液。要着重喷植株下部和地面。

十六、丝瓜细菌性叶枯病

图 6-1-16   丝瓜细菌性叶枯病

1. 症状

该病属于细菌性病害，主要为害叶片。发病初期，叶片上呈现水浸状褪绿斑，逐渐变为黄色，针尖状，直径 1~2 毫米，病叶背面不易见到菌脓（图 6-1-16）。

2. 发病规律

主要通过种子带菌传播蔓延，该菌在土壤中存活能力非常有限，可通过轮作防治此病。同时，经验表明，叶色深绿的品种发病重，大棚温室内栽培时比露地发病重。

3. 防治方法

（1）种子消毒。播种前先把种子在清水中预浸 10~12 小时后，再用 1% 硫酸铜溶液浸 5 分钟，捞出后播种。也可用 52℃ 温水中浸种 30 分钟，再移入冷水中冷却后，催芽播种。

（2）农业措施。实行 2~3 年轮作。结合深耕，以促进病残体腐烂分解，加速病菌死亡。定植以后注意中耕松土，促进根系发育，雨后注意排水。

（3）药剂防治。发病初期和降雨后及时喷洒农药，常用药剂有 72% 农用链霉素可溶性粉剂 4 000 倍液，或新植霉素 4 000~5 000 倍液，或 2% 多抗霉素 800 倍液，或 14% 络氨铜水剂 300 倍液。

十七、丝瓜菌核病

1. 症状识别

苗期发病始于茎基，病部初呈浅褐色水渍状，湿度大时，长出白色棉絮状菌丝，呈软腐状，无臭味，干燥后呈灰白色，菌丝集结为菌核，病部缢缩，丝瓜苗枯死。成株期各部位均可发病，先从主茎基部或侧枝5~20厘米处开始，初呈淡褐色水渍状病斑，稍凹陷，渐变灰白色，湿度大时也长出白色絮状菌丝，皮层霉烂，在病茎表面及髓部形成黑色菌核，干燥后髓空，病部表面易破裂，纤维呈麻状外露，致植株枯死。叶片受害也先呈水浸状，后变为褐色圆斑，有时具轮纹，病部长出白色菌丝，干燥后斑面易破裂。花蕾及花受害，现水渍状湿腐，终致脱落。果柄受害致果

图6-1-17 丝瓜菌核病

实脱落。果实受害端部或向阳面初现水渍状斑，后变褐腐，稍凹陷，斑面长出白色菌丝体，后形成菌核（图6-1-17）。

2. 发病规律

菌核遗留在土中，或混杂在种子中越冬或越夏。混在种子中的菌核，随播种带病种子进入田间，或遗留在土中的菌核遇有适宜温湿度条件即萌发产出子囊盘，放散出子囊孢子，随气流传播蔓延，侵染衰老花瓣或叶片，长出白色菌丝，开始为害柱头或幼瓜。在田间带菌雄花落在健叶或茎上经菌丝接触，易引起发病，并以这种方式进行重复侵染，直到条件恶化，又形成菌核落入土中或随种株混入种子间越冬或越夏。南方2-4月及11-12月适其发病，北方3-5月发病多。本菌对水分要求较高；相对湿度高于85%，温度在15~20℃利于菌核萌发和菌丝生长、侵入及子囊盘产生。因此，低温、湿度大或多雨的早春或晚秋有利于该病发生和流行，菌核形成时间短，数量多。连年种植葫芦科、茄科及十字花科蔬菜的田块、排水不良的低洼地或偏施氮肥或霜害、冻害条件下发病重。此外，定植期对发病有一定影响。

3. 防治方法

以生态防治为主，辅之以药剂防治，可以控制该病流行。

（1）农业防治。有条件的实行与水生作物轮作，或夏季把病田灌水浸泡半个月，或收获后及时深翻，深度要求达到20厘米，将菌核埋入深层，抑制子囊盘出土。同时采用配方施肥技术，增强寄主抗病力。

（2）物理防治：播前用10%盐水漂种2~3次，汰除菌核，或塑料棚采用紫外线塑料膜，可抑制子囊盘及子囊孢子形成。也可采用高畦覆盖地膜抑制子囊盘出土释放子囊孢子，减少菌源。

（3）种子和土壤消毒。种子用50℃温水浸种10分钟，即可杀死菌核。

（4）生态防治：棚室上午以闷棚提温为主，下午及时放风排湿，发病后可适当提高夜温以减少结露，早春日均温控制在29℃高温，相对湿度低于65%可减少发病，防止浇水过量，土壤湿度大时，适当延长浇水间隔期。

（5）化学防治：作为病害预防或在发病初期可选用400克/升嘧霉胺悬浮剂（施佳乐）800~1 000倍液，或50%腐霉利可湿性粉剂（速克灵）600~800倍液，或50%乙烯菌核利可湿性粉剂（农利灵）600~800倍液等药剂均匀喷雾，每隔7~10天一次，连续2~3次。注意药剂的轮换使用。

十八、丝瓜蔓枯病

1. 症状特征

丝瓜蔓枯病是丝瓜上的常发性病害，各地均有不同程度发生。主要为害茎蔓，也可为害叶片和果实。茎蔓上病斑椭圆形或棱形，灰褐色，边缘褐色，有时患部溢出干琥珀色胶质物，最终致茎蔓枯死。叶片发病，病斑较大，可达10~20毫米，圆形，叶边缘呈半圆形或"∨"字形，褐色或黑褐色，微具轮纹。病斑常破裂。果实病斑近圆形或不规则形，边缘褐色，中部灰白色。病斑下面果肉多呈黑色干腐状。

2.发病规律

病菌以菌丝体或分生孢子器随病残体在土壤中越冬，分生孢子也可以附着在种子上越冬。病菌以分生孢子进行初次侵染和再次侵染。初侵染菌源靠雨水反溅传播，发病后田间的分生孢子借风雨及农事操作传播。分生孢子萌发产生芽管，从气孔、水孔或伤口侵入，经 7~8 天潜育期后发病。病菌喜温、湿条件，温度 20~25℃，相对湿度 85％以上，土壤湿度大，易于发病。

3.防治方法

（1）使用从无病株采收的种子。一般种子可用清水搓洗，或用 50℃温水浸种 20 分钟进行种子消毒。

（2）重病地应与非瓜类蔬菜进行 2 年以上轮作。

（3）密度不应过大，及时整枝绑蔓，改善株间通风透光条件。

（4）施足腐熟有机肥，适时追肥，防止植株早衰。避免偏施氮肥，增施磷、钾肥，合理灌水，雨后及时排水。收获后彻底清除田间病残体，随之深翻。初见病株及时拔除并深埋，减少田间菌源。

（5）发病初期药剂防治。药剂可选用 75％百菌清可湿性粉剂 600 倍液，或 50％托布津可湿性粉剂 500 倍液，或 36％甲基托布津悬浮剂 500 倍液，或 80％代森锰锌可湿性粉剂 800 倍液，或 70％代森锰锌可湿性粉剂 500 倍液，或 80％代森锰锌可湿性粉剂 800 倍液，或 50％混杀硫悬浮剂 500 倍液，或 50％多菌灵可湿性粉剂 500 倍液，或 50％苯菌灵可湿性粉剂 1 500 倍液，或 2％农抗 120 水剂 200 倍液，或 2％武夷霉素水剂 200 倍液。

第二节 丝瓜虫害的识别与防治

一、 丝瓜黄守瓜防治技术

1. 症状识别

丝瓜地里出现了像萤火虫一样的虫，这是黄守瓜为害的症状。黄守瓜成虫咬食植物叶、茎、花和果实，将幼苗嫩茎咬断，以叶片受害为主，严重时会导致全株死亡，幼虫在土壤中危害根部，3龄后钻食韧皮部与木质部之间，使地上部萎蔫枯死。黄守瓜喜温好湿，中午活动最盛，成虫食性广，为害丝瓜、瓠瓜、冬瓜、丝瓜等瓜菜类作物。

2. 防治措施

（1）进行间作。将瓜苗种植在甘蓝、芹菜、莴苣等作物行间，可减少黄守瓜的为害程度。

（2）药剂防治。可用20%蛾甲灵乳油1 500~2 000倍液，或10%氯氰菊酯1 000~1 500倍液，或10%高效氯氰菊酯5 000倍液，或80%敌敌畏乳油1 000~2 000倍液，或90%晶体敌百虫1 500~2 000倍液等，于中午喷施土表和田边杂草等害虫栖息场所来防治。此外，也可进行人工捕捉。

二、丝瓜温室白粉虱防治技术

1. 温室白粉虱为害及形态特征

（1）分布范围。它是一种世界性害虫，我国各地均有发生，是温室、大棚内种植作物的重要害虫。

（2）为害作物。寄主范围广，蔬菜中的丝瓜、黄瓜、菜豆、茄子、番茄、辣椒、冬瓜、豆类、莴苣以及白菜、芹菜、大葱等都能受其为害，还能为害花卉、果树、药材、牧草、烟草等112个科653种植物。

（3）为害特点。大量的成虫和幼虫密集在叶片背面吸食植物汁液，使叶片萎蔫、褪绿、黄化甚至枯死，还分泌大量蜜露，引起煤污病的发生，覆盖、污染了叶片和果实，严重影响光合作用，同时白粉虱还可传播病毒，引起病毒病的发生。

（4）形态特征。

① 成虫：体长为 4.9~1.4 毫米，淡黄白色或白色，雌雄均有翅，全身披有白色蜡粉，雌虫个体大于雄虫，其产卵器为针状。

图 6-2-1 温室白粉虱

② 卵：长椭圆形，长为 0.2~0.25 毫米，初产淡黄色，后变为黑褐色，有卵柄，产于叶背。

③ 幼虫：椭圆形、扁平。淡黄或深绿色，体表有长短不齐的蜡质丝状突起。

④ 蛹：椭圆形，长为 0.7~0.8 毫米。中间略隆起，黄褐色，体背有 5~8 对长短不齐的蜡丝（图 6-2-1）。

⑤ 生活习性。在北方温室一年发生 10 余代，冬天室外不能越冬，华中以南以卵在露地越冬。成虫羽化后 1~3 天可交配产卵，平均每雌产 142.5 粒。也可孤雌生殖，其后代雄性。成虫有趋嫩性，在植株顶部嫩叶产卵。卵以卵柄从气孔插入叶片组织中，与寄主植物保持水分平衡，极不易脱落。若虫孵化后 3 天内在叶背做短距离行走，当口器插入叶组织后开始营固着生活，失去了爬行的能力。白粉虱繁殖适温为 18~21℃。春季随秧苗移植或温室通风移入露地。

2. 防治技术

（1）农业防治。

① 清洁田园：温室在育苗、定植前要彻底清除前茬作物的残株、杂草并运出室外集中烧毁，力争做到温室清洁，通风口用尼龙纱封住以阻隔外来虫源。

② 科学种植：尽量避免混栽，以免加重危害并造成防治上的困难。提倡温室头茬种植白粉虱不喜食的芹菜、大蒜等较耐低温

的作物。

③ 黄板诱捕：白粉虱有强烈的趋黄性。因地制宜地选用板材，板材规格 60 厘米长，20 厘米宽，用油漆涂成橙黄色，再涂上一层机油。黄板要比作物高出 30 厘米，挂在温室、大棚里，每隔 20 米挂 1 块，成虫趋向和粘到黄色板上，满后除尽虫重新涂上机油再行利用。

（2）生物防治。利用天敌丽蚜小蜂防治。按丽蚜小蜂与白粉虱成虫大约 2 ：1 的比例，每 2 周释放 1 次丽蚜小蜂寄生的黑蛹，隔行均匀地施放在株间。寄生蜂可在温室内建立种群，控制白粉虱为害。

（3）药剂防治。

① 药剂熏蒸：每亩温室用白粉虱烟剂 1 千克撒在行间，着重放在温度较高地方，有利于药剂挥发。密闭温室，熏 2~3 个小时，使温室内的温度保持 30~35℃，可杀死大批成虫。

② 熏烟：每亩用 80% 敌敌畏 0.4~0.6 千克熏杀。用盆装入松针、锯末等，滴入敌敌畏 50 克左右，然后点火使其暗烧，期间保证既不要见明火，也不能让暗火熄灭。密闭温室，温室内的温度保持在 30℃以上。烟熏 2~3 个小时后，逐渐通风，可杀死大量成虫和若虫。

③ 喷药防治：用速捕虱 2 000 倍液或福可多 1 500 倍液喷洒，既能杀成虫，又能杀卵。1.8% 阿维菌素 2 000~3 000 倍液，10% 扑虱灵 1 000 倍液，对粉虱有特效。25% 灭螨猛乳油 1 000 倍液对白粉虱成虫、若虫、卵均有效。2.5% 天王星 3 000 倍液可有效杀灭成虫、若虫、假蛹。侧重叶背喷药，要连续用药，交替使用不同种类农药。啶虫脒，一般含量为 3%，使用 800 倍左右稀释液。生产厂家有海南正业中农高科股份有限公司，商品名正业飞戈（3% 啶虫脒）、金色飞戈（30% 啶虫脒）。

三、瓜蚜及其防治技术

1. 瓜蚜形态特征及为害

（1）瓜蚜的为害。成、若蚜均在嫩茎、嫩梢或叶背面吸取汁液，分泌蜜露，受害叶片卷缩，严重者整株枯死。缩短结瓜期，造成减产。

（2）形态特征。无翅胎生雌蚜体长1.5~1.9毫米，夏季黄绿色，春秋墨绿色。触角第3节无感觉圈，第5节有1个，第6节膨大部有3~4个。体表被薄蜡粉。尾片两侧各具毛3根。

（3）生活习性。一年发生20~30代，以卵在越冬寄主上或以成蚜、若蚜在温室内蔬菜上越冬或继续繁殖。春季气温达6℃以上开始活动，在越冬寄主上繁殖2~3代后，于4月底产生有翅蚜迁飞到露地蔬菜上繁殖为害，直至秋末冬初又产生有翅蚜入保护地，可产生雄蚜与雌蚜交配产卵越冬。

春、秋季10余天完成1代，夏季4~5天1代，每雌可产若蚜60余头。北方露地以6~7月中旬虫口密度量大，为害最重。

2. 防治措施

（1）培育无虫壮苗。在育苗期用3%天达啶虫脒乳油1 500倍液喷药防治蚜虫。

（2）用黄板诱蚜：利用瓜蚜的趋黄性在温室内挂黄色诱蚜板诱杀有翅蚜。

（3）保护天敌。

（4）化学防治。发现有蚜虫为害时，可用3%天达啶虫脒乳油1 500倍液、2.5%鱼藤精乳油800倍液、70%艾美乐水分散粒剂15 000倍液、2.5%敌杀死乳油2 000倍液、25%阿克泰水分散剂3 000倍液、50%抗蚜威可湿性粉剂1 500倍液、10%吡虫啉可湿性粉剂2 000倍液、10%高效灭百可乳油1 500倍液、3%莫比朗乳油2 000倍液喷雾，隔10~15天喷一次。

四、美洲斑潜蝇的防治技术

1. 美洲斑潜蝇的形态特征及为害

美洲斑潜蝇属双翅目潜蝇科，俗称"小白龙"。它是近年传入我国的检疫性害虫。

（1）为害特点。食性较杂，已

图6-2-2　美洲斑潜蝇

知寄主涉及 13 个科的 60 余种植物。其中以葫芦科、茄科、豆科作物受害最重，也可为害菊花、旱莲、大理花等花卉。在蔬菜中尤以瓜类作物受害最重。幼虫以蛀食叶片上下表皮间的叶肉细胞为主，常在叶片上形成曲曲弯弯的蛇形隧道。隧道前端较细，随幼虫长大，后端隧道较粗。成虫的取食和产卵孔也造成一定危害，影响光合作用和营养物质的输导，同时传播病毒（图 6-2-2）。

（2）形态特征。成虫体长 1.3~2.8 毫米，淡黄褐色，中胸背板亮黑色，体腹面黄色，触角和额鲜黄色，前足棕黄色，后足棕黑色，腹部大部分黑色，但背板边缘黄色。卵 0.2~0.3 毫米，米色、轻微半透明。幼虫无头蛆状，初孵无色，渐变淡橙黄色，后期橙黄色，长约 3 毫米，共 3 龄，老熟后多在叶外化蛹。蛹椭圆形，腹面稍扁平，橙黄色。

2. 防治方法

（1）农业防治。农业防治的措施很多，主要包括摘除严重为害的带虫叶，每季蔬菜收获后，彻底清洁田园，将菜株的残体彻底清除，集中沤肥或烧毁；加强肥水管理，在斑潜蝇化蛹高峰期可短期灌水灭蛹；选用具异味的大蒜等蔬菜与斑潜蝇偏嗜的豆类、瓜类间作套种，可减轻为害。

（2）物理防治。针对成虫趋黄的习性，在成虫高峰期，在棚栽蔬菜内外和露地蔬菜四周或田中插黄板或挂黄条诱杀成虫。黄板可用长方形木板、塑料板正反面都涂上黄色油漆，再在油漆外涂上一层机油或粘虫胶，用绳挂在丝瓜上部即可。

（3）生物防治。美洲斑潜蝇的天敌有潜蝇茧蜂、绿姬小蜂、双雕小蜂等，利用天敌可减轻虫害。国外已将斑潜蝇茧蜂通过室内饲养和田间释放，进行温室蔬菜和花卉上美洲斑潜蝇的防治。在我国现阶段对大多数菜区来说，重点是要选择一些对美洲斑潜蝇杀伤大，对天敌杀伤小的生物农药、植物性农药，并通过改变施药方法、减少施药次数和面积，以保护天敌，充分发挥天敌的自然控制作用。抗生素类生物农药阿维菌素最近已大量用于美洲斑潜蝇种群的控制中，并有优良的防效。

（4）药剂防治。一般当叶被害率达 10% 以上，或百叶虫道数在 30 个以上时，开始施药防治，施药在上午 8：00－10：00，卵孵化高峰时对准叶片正面均匀喷足药液，每隔 5~7 天 1 次，连续喷 2~3 次，效果较好。

在幼虫化蛹高峰期后 8~10 天喷洒下列药剂防治：48% 乐斯本乳油 1 000 倍液；1.8% 爱福丁乳油 1 000 倍液；10% 烟碱乳油 1 000 倍液；净叶宝 I 号 1 500 倍液，潜克（75% 灭蝇胺）。

应用生物农药防治美洲斑潜蝇近年取得了较好效果。首先选用的生物农药有 0.2% 阿维虫清乳油 1 500 倍液和 25% 灭幼脲三号悬浮剂 1 000 倍液，两种药剂防虫效果可达 95% 以上。

应用阿维虫清和灭幼脲三号防治美洲斑潜蝇的防治适期是在幼虫期，每隔 7 天喷一次，连喷 2~4 次。可单独应用上述两种药剂，也可交替使用。喷药要仔细，最好在药液中加入稀释 1 000 倍的农药增效剂害立平，以增加药剂的渗透性、展着性和黏着性，从而使药效更高更持久。

五、瓜绢螟及其防治技术

1. 瓜绢螟的形态特征及为害

（1）瓜绢螟的为害特点。瓜绢螟又叫瓜螟、瓜野螟。主要为害丝瓜、苦瓜、节瓜、黄瓜、甜瓜、冬瓜、哈密瓜、番茄、茄子等。幼龄幼虫在叶背啃食叶肉，呈灰白斑。3 龄后吐丝将叶或嫩梢缀合，居其中取食，使叶片穿孔或缺刻，严重的仅留叶脉。幼虫常蛀入瓜内，影响产量和质量。

（2）形态特征。成虫体长约 11 毫米，头、胸黑色，腹部白色，第 1、第 7、第 8 节末端有黄褐色毛丛。前、后翅白色透明，略带紫色，前翅前缘和外缘、后翅外缘呈黑色宽带。卵扁平，椭圆形，淡黄色，表面有网纹。末龄幼虫体长 23~26 毫米，头部、前胸背板淡褐色，胸腹部草绿色，亚背线呈两条较宽的乳白色纵带，气门黑色。蛹长约 14 毫米，深褐色，外被薄茧。在广东一年发生 6 代，以老熟幼虫或蛹在枯叶或表土越冬，第二年 4 月底羽化，5 月幼虫为害。7—9 月发生数量多，世代重叠，为害严重。

图 6-2-3　瓜绢螟幼虫

图 6-2-4　瓜绢螟成虫

11 月后进入越冬期。成虫夜间活动，稍有趋光性，雌蛾在叶背产卵。幼虫 3 龄后卷叶取食，蛹化于卷叶或落叶中（图 6-2-3、图 6-2-4）。

2. 防治措施

（1）提倡采用防虫网，防治瓜绢螟兼治黄守瓜。

（2）及时清理瓜地，消灭藏匿干枯藤落叶中的虫蛹。

（3）提倡用螟黄赤眼蜂防治瓜绢螟。此外在幼虫发生初期，及时摘除卷叶，置于天敌保护器中，使寄生蜂等天敌飞回大自然或瓜田中，但害虫留在保护器中，以集中消灭部分幼虫。

（4）药剂防治。掌握在幼虫 3 龄前，在叶背啃食叶肉时，喷洒 2% 天达阿维菌素乳油 2 000 倍液、2.5% 敌杀死乳油 1 500 倍液、20% 氰戊菊酯乳油 2 000 倍液、48% 乐斯本乳油或 48% 天达毒死蜱 1 000 倍液、5% 高效氯氰菊酯乳油 1 000 倍液。选用 10% 氯氰菊酯 1 000 倍液、2.5% 功夫菊酯乳油 2 000~4 000 倍液、Bt 乳油 500 倍液、0.3% 百草一号 800~1 000 倍液、25% 杀虫双水剂 500 倍液喷雾防治。

六、红蜘蛛防治技术

1. 红蜘蛛形态特征及为害

红蜘蛛形态特征：红蜘蛛又名棉红蜘蛛，俗称大蜘蛛、大龙、砂龙等。我国的种类以朱砂叶螨为主。雌成螨深红色，体两侧有黑斑，椭圆形。越冬卵红色，非越冬卵淡黄色。

越冬代幼螨红色，非越冬代幼螨黄色。越冬代若螨红色，非越冬代若螨黄色，体两侧有黑斑，属蜱螨目、叶螨科。

2. 发生规律及传播为害

1 年发生 13 代，以卵越冬，越冬卵一般在 3 月初开始孵化，4 月初全部孵化完毕，越冬后 1~3 代主要在地面杂草上繁殖为害，4 代以后即同时在作物和杂草上为害，10 月中下旬开始进入越冬期。卵主要在地面、土缝和杂草基部等地越冬，3 月初越冬卵孵化后即离开越冬部位，向早春萌发的杂草上转移、为害，初孵化幼螨在 2 天内可爬行的最远距离约为 150 米，若 2 天内找不到食物，即可因饥饿而死亡。

图 6-2-5　丝瓜红蜘蛛

4 月下旬，当作物萌发时，地面杂草上的部分红蜘蛛开始向作物上转移为害作物。红蜘蛛分布广泛，繁殖能力很强，最快约 5 天就可繁殖一代，食性杂，可为害 110 多种植物。在高温干旱的气候条件下，繁殖迅速，为害严重。虫子多群集于作物背面吐丝结网为害。红蜘蛛的传播蔓延除靠自身爬行外，风、雨水及操作携带是重要途径（图 6-2-5）。

3. 防治方法

（1）物理防治。在越冬卵孵化前集中烧毁寄主作物，防治红蜘蛛为害，平时应注意观察，发现叶片颜色异常时，应仔细检查叶背，个别叶片受害，可摘除虫叶；较多叶片发生时，应及早喷药。

（2）农业防治。 根据红蜘蛛越冬卵孵化规律和孵化后首先在杂草上取食繁殖的习性，早春进行翻地，清除地面杂草，保持越冬卵孵化期间田间没有杂草，使红蜘蛛因找不到食物而死亡。

（3）生物防治。田间红蜘蛛的天敌种类很多，据调查主要有食螨瓢虫和捕食螨类等，对红蜘蛛的捕食量较大，保护和增加天敌数量可增强其对红蜘蛛种群的控制作用。

（4）化学防治。主要采取化学防治，可以采用20%螨死净可湿性粉剂2 000倍液，15%哒螨灵乳油2 000倍液，1.8%齐螨素乳油6 000~8 000倍液等均可达到理想的防治效果。25%抗螨23（N23）乳油500~600倍液或73%克螨特乳油1 000~2 000倍液、25%灭蜗猛可湿性粉剂1 000~1 500倍液、20%灭扫利乳油2 000倍液、2.5%天王星乳油3 000倍液或5%尼索朗乳油2 000倍液、20%双甲脒乳油1 000~1 500倍液、1.8%爱福丁（BA-1）乳油抗生素杀虫杀螨剂5 000倍液、15%哒螨灵（扫螨净、牵牛星）乳油2 500倍液，隔10天左右1次，连续防治2~3次。

七、茶黄螨及其防治技术

1. 茶黄螨的形态特征及为害

（1）茶黄螨称侧多食跗线螨，为害70多种作物，主要为害茄果类、瓜类、豆类等蔬菜。

以成、幼螨在寄主幼芽、嫩叶、花蕾及幼果上刺吸汁液，被害叶片增厚僵直，变小变窄，叶背面呈黄褐色至灰褐色，油渍状，叶缘向下卷曲。幼芽幼蕾枯死、脱落。花蕾不能开花或成畸形花。幼茎变褐、丛生或秃尖。果实表面变褐色、粗糙、无光泽、肉质变硬。植株矮缩，节间缩短，造成落花、落果。

（2）形态特征。成螨体长0.19~0.21毫米，雌螨略大，体躯阔卵形，淡黄色至橙黄色，半透明，有光泽。身体分节不明显，体背有1条纵向白带。足4对，较短，第4对足细纤，其跗节末有端毛和亚端毛。雄螨体近似六角形，腹部末端为圆锥形。足较长而粗壮，第3、第4对足的基节相连，第4对足胫跗节细长，向内侧弯曲，远端1/3处有一根特别长的鞭状毛，爪退化为纽扣状。

卵长约0.1毫米，椭圆形，无色透明，卵面纵向排列着5~6

行白色小瘤，卵底面平整光滑。

幼螨近椭圆形，淡绿色。体背有一白色纵带，腹部末端圆锥形，具一对刚毛。行动较迟缓。

若螨菱形，半透明，是一静止阶段，被幼螨的表皮所包围。

（3）生活习性与发生规律。在南方一年生20~30代，世代重叠。以成螨在土缝、蔬菜及杂草根际越冬。3—4月间繁殖为害，4—5月间为害轻，6—10月上旬大量发生，10月后显著下降。螨靠爬行、风力和人、工具及菜苗传带，扩散蔓延。5月底至7月为害严重。成蛹较活跃，有由雄成螨携带雌若螨向植株幼嫩部位迁徙的趋嫩习性，一般多在嫩叶被面吸食。卵多产于嫩叶背面、果实凹陷处及嫩芽上。雌螨以两性生殖为主。

2. 防治措施

在初发生期，采用1.8%阿维菌素乳油1 000~2 000倍液，或5%唑螨酯悬乳1 000~2 000倍液，5%噻螨酮乳1 000~2 000倍液，间隔10天喷一次，连喷3次。为提高防治效果，可在药液中混加增效剂或洗衣粉等并采用淋洗式喷药。

浏阳霉素杀螨剂：属抗生素类杀螨剂，有效成分为浏阳霉素。在pH值为2~13范围内，在室温下稳定，对紫外光不稳定。对人畜低毒，对害螨具有触杀作用，对螨卵也有抑制作用，持效期为7~14天，主要剂型为10%乳油，喷雾时将10%乳油稀释为1 000~1 500倍液。

哒螨灵杀螨剂：本品特性在pH值为4~9时稳定，对人畜低毒、对眼有轻微刺激性，对蜜蜂、家蚕有毒，对鱼有中等毒性，对害螨具有触杀作用，对成、若螨及卵均有效。速效性好，持效期达30~40天，药效不受温度影响，与常规杀螨剂如苯丁锡、噻螨等无交换抗性。用3 000倍液防治侧多食跗线螨（茶黄螨）。

三唑锡杀螨剂：其有效成分为三唑锡，在稀酸中易分解，对光、雨水较稳定。对人畜、家禽、鸟类为中等毒性，对蜜蜂毒性小，对鱼类毒性高，对害螨有触杀作用，对成螨、若螨及夏卵均有毒杀作用，对冬卵无效，对具有抗性的螨类也有很好的防效。用20%悬浮剂2 000~2 500倍液，喷雾防治茶黄螨（侧多食跗线螨）。本剂应在收获前15天停用；不能与碱性物质混用，可与多种杀虫剂或杀菌剂混用，但要轮换使用。

炔螨特杀螨剂：又名克螨特、丙炔螨特、奥美特、螨除净等。属有机硫类杀螨剂，有效成分为炔螨特，不宜与强酸或强碱类物质混合，易燃。对人畜低毒，对皮肤有轻微刺激性，对鸟类、蜜蜂、天敌安全，对鱼有毒，对害螨具有胃毒和触杀作用，杀卵作用差，持效期为14~30天。使用方法：将73%乳油加水稀释，用1 000倍液防治侧多食跗线螨（茶黄螨）。

噻螨杀螨剂：该药的特性是对人畜低毒，对眼有轻微刺激性，对鸟类低毒，在常量下对蜜蜂无毒性反应，对天敌影响很小，对鱼类有毒，对害螨具有杀卵、杀若螨作用，但对成螨无杀伤作用，施药后10天可达到较高的防治效果，持效期达50天左右，气温不影响使用效果。使用方法：喷雾用5%乳油（或可湿性粉剂）加水稀释，用2 000倍液防治侧多食跗螨（茶黄螨）。

双甲脒杀螨剂：又名螨克、双虫脒、双二甲脒、果螨杀、杀伐螨、三亚螨、三氮螨等。本品特点易燃易爆，遇强碱或强酸不稳定，在中性液体中较稳定，潮湿条件下存放会缓慢分解，对人畜为中等毒性。对鸟类、蜜蜂、天敌低毒，对鱼类高毒。对害螨具有触杀作用，并有熏蒸、拒食、驱避作用，对冬卵防治效果差。气温高于25℃防治效果好，可防治对三氯杀螨醇已产生抗性的螨类。使用方法：将20%乳油加水稀释，用1 000倍液喷雾防治茶黄螨，注意事项：在蔬菜收获前30天停用；在施用本剂的前7天和施药后的14天，不要喷施波尔多液；存放时应避免受冻。

第三节　丝瓜生理性病害的识别与防治

一、丝瓜烂花的防治技术

1. 烂花的为害

种丝瓜的菜农都知道，"花"是丝瓜的重要卖点。通常情况下，带鲜花的丝瓜价格要比不带鲜花丝瓜每斤高出 0.5 元左右。但丝瓜鲜花非常"娇贵"，常因管理不当而造成烂花、花干边等症状，影响丝瓜销售。那么，如何才能保证丝瓜有一朵漂亮健康的花呢？

2. 烂花的防治技术

（1）蘸"小花"，提高花的抗病抗逆能力。丝瓜"大花"花瓣大、较薄，容易感染病害，而"小花"花瓣小、较厚，抗病性强，所以丝瓜"小花"比较好。要想蘸"小花"，就要特别注意蘸花时间，一般在上午 10 时至下午 13 时之前蘸花，幼瓜小，蘸出来的花瓣小，抗病性强，而在下午 15 时后蘸的花，一般花瓣大。

（2）要分次放风，防花风干。分两次放风，第一次是在拉开草帘一小时以后，拉开一道小风口，一般 5~10 分钟后关闭放风口，以此来对流空气，既可以降低大棚湿度，又可以向棚内补充大量的二氧化碳；在棚温达到 28℃时放第二次风，这次要根据天气情况来确定具体放多长时间。并且不要一下子将放风口全部拉开，避免"闪"了花，造成花干边。要循序渐进，逐渐加大放风口。

（3）要早防烂花。丝瓜烂花主要有干烂花和水烂花两种。干烂花症状：花瓣的边缘出现干枯，为干烂（区别于水烂花），整个花瓣都不新鲜。这可能是蔓枯病在花上的表现症状。在弱光的情况下发生较重，尤其是连阴天过后出现较多。可喷洒 25% 使百克乳油 1 000 倍液或 25% 咪鲜胺乳油 1 500 倍液防治。水烂花症状：从花瓣的边缘开始出现水烂状，严重时花瓣出现滴水的症状，有时有臭味，有时没有但有白色的霉菌。

有臭味但不长毛的情况可能是细菌性软腐病，长白霉的可能是花腐病或绵疫病，这两种情况均在高湿的情况下发生较重。细菌性软腐病可叶面喷洒链霉素、新植霉素，也可以喷洒铜制剂如可杀得等药剂。花腐病及绵疫病可用克露、安克、雷多米尔等药剂进行叶面喷洒，或在蘸花药液中加入部分药剂。

二、丝瓜缺素症及其防治技术

1. 缺氮

（1）症状。植株生长受阻，果实发育不良。新叶小，呈浅黄绿色，老叶黄化，果实短小，呈淡绿色。

（2）病因。土壤本身含氮量低；种植前施大量未腐熟的作物秸秆或有机肥，碳素多，其分解时夺取土壤中氮；产量高，收获量大，从土壤中吸收氮多而追肥不及时。

（3）防治方法。施用新鲜的有机物作基肥要增施氮素；施用完全腐熟的堆肥；应急措施：可叶面喷施 0.2%~0.5% 尿素液。

2. 缺磷

（1）症状。植株矮化，叶小而硬，叶暗绿色，叶片的叶脉间出现褐色区。尤其是底部老叶表现更明显，叶脉间初期缺磷出现大块黄色水渍状斑，并变为褐色干枯。

（2）病因。堆肥施用量小，磷肥用量少易发生缺磷症；地温常常影响对磷的吸收。温度低，对磷的吸收就少，日光温室等保护地冬春或早春易发生缺磷。

（3）防治方法。丝瓜是对磷不足敏感的作物。土壤缺磷时，除了施用磷肥外，预先要培肥土壤；苗期特别需要磷，注意增施磷肥；施用足够的堆肥等有机质肥料；应急措施：可喷 0.2% 的磷酸二氢钾或 0.5% 的过磷酸钙水溶液。

3. 缺钾

（1）症状。老叶叶缘黄化，后转为棕色干枯，植株矮化，节间变短，叶小，后期叶脉间和叶缘失绿，逐渐扩展到叶的中心，并发展到整个植株。

（2）病因。土壤中含钾量低，施用堆肥等有机质肥料和钾肥少，易出现缺钾症；地温低，日照不足，过湿，施氮肥过多等条件阻碍对钾的吸收。

（3）防治方法。施用足够的钾肥，特别是在生育的中、后期不能缺钾；施用充足的堆肥等有机质肥料；应急措施：可用硫酸钾平均每亩 3~4.5 千克，一次追施。或叶面喷 0.3% 磷酸二氢钾或 1% 草木灰浸出液。

4. 缺钙

（1）症状。上部幼叶边缘失绿，镶金边，最小的叶停止生长，叶边有深的缺刻，向上卷，生长点死亡，植株矮小，节短，植株从上向下死亡。

（2）病因。氮多、钾多、土壤干燥都会阻碍对钙的吸收；空气湿度小，蒸发快，补水不足时易产生缺钙；土壤本身缺钙。

（3）防治方法。土壤钙不足，可施用含钙肥料；避免一次用大量钾肥和氮肥；要适时浇水，保证水分充足；应急措施：用 0.3%的氯化钙水溶液喷洒叶面。

5. 缺镁

（1）症状。叶片出现叶脉间黄化，并逐渐遍及整个叶片，主茎叶片叶脉间可能变成淡褐色或白色，侧枝叶片叶脉间变黄，并可能迅速变成淡褐色。

（2）病因。土壤本身含镁量低；钾、氮肥用量过多，阻碍了对镁的吸收。尤其是日光温室栽培更明显；收获量大，而没有施用足够量的镁肥。

（3）防治方法。土壤诊断若缺镁，在栽培前要施用足够的含镁肥料；避免一次施用过量的、阻碍对镁吸收的钾、氮等肥料；应急对策：用 1% ~2% 硫酸镁水溶液，喷洒叶面。

6. 缺锌

（1）症状。叶片小，老叶片除主脉外变为黄绿或黄色，主脉仍呈深绿色，叶缘最后呈淡褐色；嫩叶生长不正常，芽呈丛生状。

（2）病因。光照过强易发生缺锌；若吸收磷过多，植株即使吸收了锌，也表现缺锌症状；土壤 pH 值高，即使土壤中有足够的锌，但其不溶解，也不能被作物所吸收利用。

（3）防治方法。不要过量施用磷肥；缺锌时可以施用硫酸锌，每亩用 1.5 千克；应急对策：用硫酸锌 0.1% ~0.2% 水溶液喷洒叶面。

7. 缺硼

（1）症状。缺硼使叶片变得非常脆弱，生长点和未展开的幼叶卷曲坏死；上部叶向外侧卷曲，叶缘部分变褐色；当仔细观察上部叶脉时，有萎缩现象；果实出现纵向木栓化条纹。

（2）病因。在酸性的沙壤土上，一次施用过量的碱性肥料，易发生缺硼症状；土壤干燥影响对硼的吸收，易发生缺硼；土壤有机肥施用量少，在土壤 pH 值高的田块也易发生缺硼；施用过多的钾肥，影响了对硼的吸收，易发生缺硼。

（3）防治方法。土壤缺硼，可预先增施硼肥；要适时浇水，防止土壤干燥；多施腐熟的有机肥，提高土壤肥力；应急对策：可用 0.12% ~0.25% 的硼砂或硼酸水溶液喷洒叶面。

8. 缺铁

（1）症状。幼叶呈浅黄色并变小，严重时白化，芽生长停止，叶缘坏死完全失绿。

（2）病因。磷肥施用过量、碱性土壤、土壤中铜、锰过量、土壤过干、过湿、温度低，易发生缺铁。

（3）防治方法。尽量少用碱性肥料，防止土壤呈碱性，土壤 pH 值应在 6~6.5；注意土壤水分管理，防止土壤过干、过湿；应急对策：可用硫酸亚铁 0.1% ~0.5% 水溶液或柠檬酸铁 100 毫克/千克水溶液喷洒叶面。

9. 缺锰

（1）症状。叶片变为黄绿色，生长受阻，小叶叶缘和叶脉间变为浅绿色后逐渐发展为黄绿色或黄色斑驳，而细叶脉网仍保持绿色，呈黄底绿网状。

（2）病因。碱性土壤容易缺锰，检测土壤 pH 值，出现症状的植株根际土壤呈碱性，有可能是缺锰；土壤有机质含量低；土壤盐类浓度过高：肥料如一次施用过量时，土壤盐类浓度过高时，将影响锰的吸收。

（3）防治方法。增施有机肥；科学施用化肥，宜注意全面混合或分施，勿使肥料在土壤中成高浓度。应急对策：可用 0.2% 的硫酸锰水溶液喷洒叶面。

10. 氮过剩

（1）症状。植株呈暗绿色，叶片特别丰满、茂盛，根系发育不良，开花晚。

（2）病因。施用铵态氮肥过多，特别是遇到低温或把铵态氮肥施入到消毒的土壤中，由于硝化细菌或亚硝化细菌的活动受抑制，铵在土壤中积累的时间过长，引起铵态氮过剩。易分解的有机肥施用量过大。

（3）防治方法。避免氮素过剩。第一，应实行测土施肥，根据土壤养分含量和作物需要，对氮磷钾和其他微量元素实行合理搭配科学施用，尤其不可盲目施用氮肥。在土壤有机质含量达到 2.5% 以上的土壤中，应避免一次性每亩施用超过 5 000 千克的腐熟鸡粪。第二，在土壤养分含量较高时，提倡以施用腐熟的农家肥为主，配合施用氮素化肥。第三，如发现作物缺钾、缺镁症状，应首先分析原因，若因氮素过剩引起缺素症，应以解决氮过剩为主，配合施用所缺肥料。第四，如发现氮素过剩，在地温高时可加大灌水缓解，喷施适量助壮素，延长光照时间，同时注意防治蚜虫、霜霉病等病虫害。

11. 锰过剩

（1）症状。先从下部叶开始，叶的网状脉先变褐，然后主脉变褐，沿叶脉的两侧出现褐色斑点。叶柄和叶反面有小紫色斑。

（2）病因。土壤酸化或施锰肥过多。

（3）防治方法。土壤中锰的溶解度随着 pH 值的降低而增高，所以施用石灰质肥料，可以提高土壤 pH 值，从而降低锰的溶解度；

在土壤消毒过程，由于高温蒸气、药剂作用等，使锰的溶解度加大，为防止锰过剩，消毒前要施用石灰质肥料；注意田间排水，防止土壤过湿，避免土壤溶液处于还原状态。

图 6-3-1　丝瓜裂果

三、丝瓜裂果及防治技术

1. 病因

与品种有关，有些品种皮薄，易裂果；与栽培环境有关。在丝瓜生长发育过程中，遇到干旱，果实发育受阻，当遇到浇水，土壤水分急增，果实发育迅速膨大，某些薄皮品种很容易发生裂果现象（图 6-3-1）。

2. 防治方法

选择不易裂果的品种，合理肥水，防止土壤水分剧变。

四、丝瓜尖头果

1. 症状

丝瓜果实上半部正常，近花部细小。

2. 病因

可能是蘸花过程中激素（2,4-D 或防落素）使用不均匀，有的部分多了，有的部分量不足而造成的。

3. 防治方法

如果雄花量足够，应采用人工授粉，花对花授粉，1 朵雄花对 2~3 朵雌花。也可用 2,4-D 代替，但要注意使用方法，要用一定浓度（浓度的大小应先做试验）的 2,4-D 浸整朵雌花，一定要包括花柄。绿色食品丝瓜生产中不提倡使用 2,4-D，尽量采用花对花授粉。

五、丝瓜低温冷害

1. 识别特征

（1）主要症状。冷害的症状多种多样，多表现为叶片皱缩和不同程度的黄化，症状表现从叶片边缘开始，冷害结束后会形成枯边。

（2）发病原因。温室等育苗设施保温性能差，在寒冷天气或连阴天时不能实施有效的临时增温措施，致使气温和苗床（或育苗容器）温度降低，叶片直接受害。另外，较低的土壤温度会使丝瓜根系受害，降低根系的吸收能力。

2. 防治方法

（1）建造高标准的节能型日光温室。在灾害性天气里采取有效的临时加温措施；采用电热温床或酿热温床育苗。

（2）低温过后，要浇水施肥，并喷施叶面肥，以促进植株恢复正常生长。

第四节 绿色食品丝瓜生产技术

一、绿色食品概述

1. 绿色食品

系指经专门机构认定，许可使用绿色食品标志的无污染的安全、优质、营养食品。

2. 绿色食品分类

（1）AA 级绿色食品。系指在生态环境质量符合规定标准的产地，生产过程中不使用任何有害化学合成物质，按特定的生产操作规程生产、加工，产品质量及包装经检测、检查符合特定标准，并经专门机构认定，许可使用 AA 级绿色食品标志的产品。

（2）A级绿色食品。系指在生态环境质量符合规定标准的产地，生产过程中允许限量使用限定的化学合成物质，按特定的生产操作规程生产、加工，产品质量及包装经检测、检查符合特定标准，并经专门机构认定，许可使用A级绿色食品标志的产品。

二、绿色食品施肥控制标准

总的要求是使用肥料必须限制在不对环境和作物产生不良后果，不使产品中有害物质残留积累到影响人体健康的限度内；并使足够数量的有机物返回土壤之中，增加生态系统内的生物循环，以保持和增加土壤有机物的含量及生物活性，从而达到减少污染、保护环境、提高土壤供肥能力，保证蔬菜优质、高产。依据中国绿色食品发展中心制定的《生产绿色食品的肥料使用准则》，绿色蔬菜生产允许使用的肥料种类：堆肥、厩肥、沤肥、沼气肥、绿肥、作物秸秆、泥肥、饼肥等有机肥，腐殖酸类肥料，根瘤菌、固氮菌、磷细菌、硅酸盐细菌、复合菌等微生物肥料，半有机肥料（有机复合肥），矿物钾肥和硫酸钾、矿物磷肥（磷矿粉）、燃烧磷酸盐（钙镁磷肥、脱氟磷肥）、石灰石（酸土上使用）、粉状硫肥等无机（矿质）肥料，用于叶面喷施的微量元素肥料及植物生长辅助物质（不包括合成的化学物质）肥料及其他有机物肥料。无论采用何种原料制堆肥，必须经过50℃以上5~7天发酵，以杀灭各种寄生虫卵和病菌、杂草种子，去除有害有机酸和有害气体，使之达到无害化卫生标准，并符合堆肥腐熟度的鉴别指标。城市生活垃圾经无害化处理达到堆肥卫生标准和腐熟化指标外，还必须严格执行城镇垃圾农用控制标准。沤肥和沼气肥是嫌气条件下发酵的产物，《沼气发酵卫生标准》可用作其无害化指标。对作为微生物肥料的生产菌种必须认真检查，杜绝一切以植物检疫对象、传染病病原作为菌种生产微生物肥料，微生物肥料中有效活菌的数量必须符合国家农业部微生物肥料质量标准。矿质肥料的营养成分及有害物质含量均应符合要求的标准。除规定者外，不允许使用其他化学合成肥料，如生产上实属必须，应有限度地使用部分化学合成肥料，但对叶菜类、根菜类蔬菜，氮素化肥应严格控制使用量，特别要禁止使用硝态氮肥料。各种肥料的具体使用方法及使用量应以保证产量，不造成产品污染为原则。

三、绿色食品丝瓜生产的农药控制标准

在蔬菜生产中，农药是生产过程中的一大污染源，在绿色蔬菜生产中，对农药的使用有严格的规定和要求，包括农药种类、允许的最终残留量、最后一次施药距采收的间隔期，用药量及浓度、施用方法等。

生产基地的选择，这是切断环境中有害或有毒物质进入食物链及防止蔬菜污染的首要和关键性措施。应切实把好大气、水质及土壤关。其基本要求：根据环保等有关部门提供的资料，以无"三废"污染的地区作为绿色蔬菜生产基地选择的基本条件；基地附近没有造成污染源的工、矿企业；基地的灌溉水应是深井地下水或水库等清洁水源，避免使用污水或塘水等地表水灌溉；基地河流的上游没有排放有毒、有害物质的工厂；基地距主干公路线50~100米以上；基地菜田未施用过含有毒有害物质的工业废渣；也可选择交通比较方便，适于种植蔬菜的山区耕地。初选合格后，应对基地的环境进行检测，土壤中农药、有毒物质、重金属、硝酸盐及亚硝酸盐应低于允许标准；灌溉水应符合国家《农田灌溉水质标准》；菜地的空气条件应低于《保护农作物的大气污染物最高允许浓度》。在以基地污染程度为主要条件的基础上，还应同时注意到基地在蔬菜栽培历史、经济发展状况、菜农科学文化素质及二、三产业的发展等多方面情况，为开发绿色蔬菜创造更为有利的条件。绿色蔬菜的生产及开发，需要一定的投入，在开发市场销路的过程中要有经济上受损的思想准备及承受能力，而这些主要应依靠基地生产单位自行解决，在基地选择时应充分考虑到生产者自愿的因素。

从一个地区或市场来看，绿色蔬菜生产基地不宜过于分散，应相对集中，不仅有利于环境的监测与调控，且容易较快地形成一定规模的产业化生产。在基地选择与布局上应有长远打算，绝对不要有短期行为，更不应迁就对付，严格把关，宁缺毋滥。根

据蔬菜生产种类多、栽培方式多以及市场周年供应鲜菜的特点或出口创汇的需要，在一个地区的基地布局上也可考虑郊区与农区结合，各有特色，充分利用各地的生态经济优势，发展具有优势的蔬菜产业，如鲜菜生产基地、贮运菜生产基地、加工菜生产基地、保护地蔬菜生产基地、淡季菜生产基地等。

四、绿色食品蔬菜的农药使用准则

1. AA 级绿色食品蔬菜农药使用准则

允许使用植物源杀虫剂、杀菌剂、拒避剂、增效剂，诸如除虫菊素、鱼藤根、烟草水、大蒜素、苦楝、川楝、印楝、芝麻素等。允许释放寄生性、捕食性天敌动物，如赤眼蜂、瓢虫、捕食螨、各类天敌蜘蛛及昆虫病原线虫等。允许在害虫捕捉设施条件下使用昆虫外激素如信息素或其他动物源引诱剂。允许使用矿物油乳剂、植物油乳剂、矿物源农药中的硫制剂和铜制剂。允许有限度地用活体微生物农药，如真菌制剂、细菌制剂、病毒制剂、放线菌、拮抗菌剂、昆虫病原线虫、原虫等。有限度地使用农业抗生素如春雷霉素、多抗霉素、井冈霉素、农抗120等对真菌病害进行防治。浏阳霉素可用于防治害螨。

禁止使用有机合成化学杀虫剂、杀菌剂、杀螨剂、除草剂和植物生长调节剂。禁止使用生物源农药中混配有机合成化学农药的各种制剂。

2. A 级绿色食品蔬菜农药使用准则

允许使用植物源、动物源和微生物源农药。在矿物源农药中允许使用硫制剂和铜制剂。严格禁止使用剧毒、高毒、高残留"三高"和致癌、致畸、致突变"三致"的各种农药。值得特别强调的是，在常规蔬菜生产中习惯使用和正在少量使用的违禁农药，在绿色食品蔬菜生产中必须严禁使用，其中如三氯杀螨醇、氧化乐果、呋喃丹（克百威）颗粒剂、灭多威（万灵）、久效磷及甲胺磷等。各类除草剂和有机合成植物生长调节剂，虽未列出禁用原因，但却不得用于绿色食品蔬菜生产。

若绿色食品蔬菜实属必需，在生产基地有限度地被允许使用部分有机合成化学农药，并严格按规定的方法使用。若选用新研制生产的化学农药，应报经中国绿色食品发展中心审批。

　　有机合成化学农药在蔬菜等农产品中的残留量，以绿色食品标准是从严掌握的，采用国际上最低的残留限量标准或国家标准的 1/2。最后一次施药距采收蔬菜产品间隔天数不得少于规定的日期，可见绿色食品生产中的最后一次施药时间远比国家对常规蔬菜生产规定的安全间隔期更长。

　　每种有机合成化学农药在一种蔬菜作物的生长期内只允许使用一次的规定，足见绿色食品允许使用次数较国际标准大为减少即更为严格。在使用混配有机化学合成农药的各种生物源农药时，所混配的化学农药只允许选用法规允许的品种，选用新农药品种必先通过审批。在绿色食品蔬菜生产中还要严格控制各种遗传工程微生物制剂的使用。

五、生产绿色食品丝瓜的肥料使用准则

1. 允许使用的肥料种类

　　（1）农家肥料。系指含有大量生物物质、动植物残体、排泄物、生物废物等物质的肥料。施用农家肥料不仅能为农作物提供全面营养，而且肥效长，可以增加和更新土壤有机质，促进微生物繁殖，改善土壤的理化性质和生物活性，是生产绿色食品的主要养分来源。

　　① 堆肥：以各类秸秆、落叶、山青、湖草、人畜粪便为原料，与少量泥土混合堆积而成的一种有机肥料。

　　② 沤肥：沤肥所用物料与堆肥基本相同，只是在淹水条件下（嫌气性）进行发酵而成。

　　③ 厩肥：系指猪、牛、马、羊、鸡、鸭等畜禽的粪尿与秸秆垫料堆制成的肥料。

　　④ 沼气肥：在密封的沼气池中，有机物在嫌气条件下腐解产生沼气后的副产物。包括沼气液和残渣。

　　⑤ 绿肥：利用栽培或野生的绿色植物体作肥料。主要分为豆

科和非豆科两大类。豆科有绿豆、蚕豆、草木樨、沙打旺、田菁、苜蓿、柽麻、紫云英、苕子等。非豆科绿肥，最常用的有禾本科，如黑麦草；十字花科，如肥田萝卜；菊科，如肿炳菊、小葵子；满江红科，如满江红；雨久花科，如水葫芦；苋科，如水花生等。

⑥ 作物秸秆：农作物的秸秆是重要的有机肥源之一。作物秸秆含有相当数量的为作物所必需的营养元素（N、P、K、Ca、S等）。在适宜的条件下通过土壤微生物的作用，这些元素经过矿化再回到土壤中，为作物吸收利用。

⑦ 泥肥：未经污染的河泥、塘泥、沟泥、港泥、湖泥等。

⑧ 饼肥：菜籽饼、棉籽饼、豆饼、芝麻饼、花生饼、蓖麻饼、茶籽饼等。

（2）商品肥料。

① 商品有机肥料。它是指以大量生物物质、动植物残体、排泄物、生物废物等物质为原料，加工制成的商品肥料。

② 腐殖酸类肥料。它是指泥炭（草炭）、褐煤、风化煤等含有腐殖酸类物质的肥料。

③ 微生物肥料。它是指用特定微生物菌种培养生产具有活性的微生物制剂。它无毒无害、不污染环境，通过特定微生物的生命活动能改善植物的营养，或产生植物生长激素，促进植物生长。根据微生物肥料对改善植物营养元素的不同，可分成五类。

a. 根瘤菌肥料。能在豆科植物上形成根瘤，可同化空气中的氮气，改善豆科植物的氮素营养。有花生、大豆、绿豆等根瘤菌剂。

b. 固氮菌肥料。能在土壤中和很多作物根际固定空气中的氮气，为作物提供氮素营养；又能分泌激素刺激作物生长。有自生固氮菌，联合固氮菌剂等。

c. 磷细菌肥料。能把土壤中难溶性磷转化为作物可以利用的有效磷，改善作物磷素营养。有磷细菌、解磷真菌、菌根菌剂等。

d. 硅酸盐细菌肥料。能对土壤中云母、长石等含钾的铝硅酸盐及磷灰石进行分解，释放出钾、磷与其他灰分元素，改善作物的营养条件。有硅酸盐细菌、其他解钾微生物制剂等。

e. 复合微生物肥料。含有两种以上有益的微生物（固氮菌、磷细菌、硅酸盐细菌或其他一些细菌），它们之间互不拮抗并能提高作物一种或几种营养元素的供应水平，并含有生理活性物质的制剂。

④ 半有机肥料（有机复合肥）。由有机和无机物质混合或化合制成的肥料。

a. 经无害化处理后的畜禽粪便，加入适量的 Zn、Mn、B、Mo 等微量元素制成的肥料。

b. 发酵废液干燥复合肥料：以发酵工业废液干燥物质为原料，配合种植蘑菇或养禽用的废弃混合物制成的肥料。

⑤ 无机（矿质）肥料。矿质经物理或化学工业方式制成，养分呈无机盐形式的肥料。

a. 矿物钾肥和硫酸钾。

b. 矿物磷肥（磷矿粉）。

c. 燃烧磷酸盐（钙镁磷肥、脱氟磷肥）。

d. 石灰石：限在酸性土壤使用。

e. 粉状硫肥：限在碱性土壤使用。

⑥ 叶面肥料。喷施于植物叶片并能被其吸收利用的肥料，叶面肥料中不得含有化学合成的生长调节剂。

a. 微量元素服料。以 Cu、Fe、Mn、Zn、B、Mo 等微量元素及有益元素为主配制的肥料。

b. 植物生长辅助物质肥料。用天然有机物提取液或接种有益菌类的发酵液，再配加一些腐殖酸、藻酸、氨基酸、维生素、糖等配制的肥料。

（3）其他肥料。

① 包括不含合成添加剂的食品、纺织工业的有机副产品。

② 包括不含防腐剂的鱼渣、牛羊毛废料、骨粉、氨基酸残渣、骨胶废渣、家畜加工废料、糖厂废料等有机物料制成的肥料。

2. 使用规则

肥料使用必须使足够数量的有机物质返回土壤，以保持或增加土壤肥力及土壤生物活性。所有有机或无机（矿质）肥料，尤其是富含氮的肥料应以对环境和作物（营养、味道、品质和植物抗性）不产生不良后果的方法使用。

（1）AA 级绿色食品的肥料使用准则。

① 选用本标准规定允许使用的肥料种类，禁止使用其他化学合成肥料。

② 禁止使用有害的城市垃圾和污泥。医院的粪便垃圾和含有害物质（如毒气、病原微生物，重金属等）的工业垃圾，一律不得收集作生产绿色食品的肥料。

③ 秸秆还田：有堆沤还田（堆肥、沤肥、沼气肥）、过腹还田（牛、马、猪等牲畜粪尿）、直接翻压还田、覆盖还田等多种形式。各地可因地制宜采用。秸秆直接翻入土中。注意盖土要严，不要产生根系架空现象，并加入含氮丰富的人畜粪尿调节碳氮比，以利秸秆分解。

④ 绿肥：利用形式有覆盖、翻入土中、混合堆沤。栽培绿肥最好在盛花期翻压，翻埋深度为 15 厘米左右，盖土要严，翻后耙匀。压青后 15~20 天才能进行播种或移苗。

⑤ 腐熟的达到无害化要求的沼气肥水，及腐熟的人畜粪尿可用作追肥。严禁在蔬菜等作物上浇不腐熟的人粪尿。

⑥ 饼肥对水果、蔬菜等品质有较好的作用，腐熟的饼肥可适当多用。

⑦ 叶面肥料，喷施于作物叶片。可施一次或多次，但最后一次必须在收获前 20 天喷施。

⑧ 微生物肥料可用于拌种，也可作基肥和追肥使用。使用时应严格按照使用说明书的要求操作。微生物肥料对减少蔬菜硝酸盐含量，改善蔬菜品质有明显效果。可在蔬菜上有计划扩大使用。

（2）A 级绿色食品的肥料使用准则。

① 尽量选用本标准规定允许使用的肥料种类。如生产上实属必须，允许生产基地有限度地使用部分化学合成肥料。但禁止使用硝态氮肥。

② 化肥必须与有机肥配合施用，有机氮与无机氮之比 1∶1 为宜，大约厩肥 1 000 千克加尿素 20 千克（厩肥作基肥、尿素可

作基肥和追肥用）。最后一次追肥必须在收获前 30 天进行。

③ 化肥也可与有机肥、微生物肥配合施用。厩肥 1 000 千克，加尿素 10 千克或磷酸二铵 20 千克，微生物肥料 60 千克（厩肥作基肥，尿素、磷酸二铵和微生物肥料作基肥和追肥用）。蔬菜和果树可按上述比例，适当加大用量。最后一次追肥必须在收获前 30 天进行。

④ 城市生活垃圾在一定的情况下，使用是安全的。但要防止金属、橡胶、砖瓦石块的混入，还要注意垃圾中经常含有重金属和有害毒物等。因此城市生活垃圾要经过无害化处理，质量达到国家标准后才能使用。每年每亩农田限制用量，黏性土壤不超过3 000 千克，沙性土壤不超过 2 000 千克。

⑤ 秸秆还田：允许用少量氮素化肥调节碳氮比。

⑥ 其他使用准则，同生产 AA 级绿色食品的肥料使用准则。

（3）其他规定。

① 秸秆烧灰还田方法只有在病虫害发生严重的地块采用较为适宜。应当尽量避免盲目放火烧灰的做法。

② 生产绿色食品的农家肥料无论采用何种原料（包括人畜禽粪尿、秸秆、杂草、泥炭等）制作堆肥，必须高温发酵，以杀灭各种寄生虫卵和病原菌、杂草种子，去除有害有机酸和有害气体，使之达到无害化卫生标准。

农家肥料，原则上就地生产就地使用。外来农家肥料应确认符合要求后才能使用。商品肥料及新型肥料必须通过国家有关部门的登记认证及生产许可。

③ 因施肥，造成土壤、水源污染、或影响农作物生长、农产品达不到卫生标准时，要停止施用这些肥料，并向中国绿色食品发展中心及省绿色食品办公室报告。用其生产的食品也不能继续使用绿色食品标志。

第七章　棚室丝瓜的采后处理、贮藏和运输

一、采收和采后处理

采收的优质果率是采收质量的重要指标。生产上成熟度的判别一般根据不同种类、品种及其生物学特性、生长情况，以及气候条件、栽培管理等因素综合考虑。同时，还要从调节市场供应、贮藏、运输和加工需要、劳力安排等多方面确定适宜采收期。一般丝瓜是以瓜成熟后从下往上采收上市的蔬菜，采收时期是否合适直接影响到果实商品品质和价格。

根瓜应适当提早采摘，防止坠秧。丝瓜主要以嫩瓜为商品，一般在幼瓜长到200~400克时即可采收，不超过500克为好，以确保商品瓜品质，减轻植株负担，促进后期植株生长和果实膨大。从感官上，同一品种或相似品种，成熟适度，色泽、瓜形正常，大小基本一致，新鲜，果面清洁，无腐烂、畸形、开裂、异味、灼伤、冷害、冻害、病虫害及机械伤等缺陷。也可根据当地消费习惯确定采收标准。当前期产品商品价格高时，及时采收获得好的经济效益。抓住其主要因素，判断其最适采收期，达到长期贮藏、加工和销售目的。

采收宜在上午7时前进行，尤其在露地采收时。早上采收果实不仅含水量大、光泽度好，而且温度低、水分蒸发量小，有利于减少上市或长途运输过程中的损耗（图7-1）。

由于嫩瓜瓜皮鲜嫩，易于损

图7-1　采收的鲜花丝瓜

伤影响外观，降低商品价格，采收后嫩瓜最好用纸和薄膜包裹。运输过程防止发热或受冻。贮运应符合《蔬菜安全生产关键控制技术规程》等标准（图7-2）。

图7-2　丝瓜采收后的处理

二、分级

根据 NY/T 1837—2000《丝瓜等级规格》标准中，丝瓜分为特级、一级和二级。具体标准如下（表7-1）。

表7-1　丝瓜等级划分

等级	特级	一级	二级
指标	①同一品种或相似品种；形状基本一致；清洁、无杂物、无开裂；外观新鲜，完整，鲜嫩；表面有光泽 ②不脱水，无缩皱；完好，无腐烂、发霉、变质，无异味；无异常的外来水分；无严重机械损伤 ③无病虫害造成的损伤，无活虫；无冷害、冻害伤 ④长度：棱丝瓜大于70厘米，普通丝瓜大于50厘米	①同一品种或相似品种；形状基本一致；清洁、无杂物、无开裂；外观新鲜，完整，鲜嫩；表面有光泽 ②不脱水，无缩皱；完好，无腐烂、发霉、变质，无异味；无异常的外来水分；无严重机械损伤 ③无病虫害造成的损伤，无活虫；无冷害、冻害伤 ④长度：棱丝瓜50~70厘米，普通丝瓜35~50厘米	①同一品种或相似品种；形状基本一致；清洁、无杂物、无开裂；外观新鲜，完整，鲜嫩；表面有光泽 ②不脱水，无缩皱；完好，无腐烂、发霉、变质，无异味；无异常的外来水分；无严重机械损伤 ③无病虫害造成的损伤，无活虫；无冷害、冻害伤 ④长度：棱丝瓜小于50厘米，普通丝瓜小于35厘米

三、贮藏

丝瓜一般采用的储藏保鲜方法有四种，具体如下。

1. 嫩瓜储藏

嫩瓜应储藏在温度 10~12℃ 及相对湿度 95% 的环境条件下，采收、分级、包装、运输时应轻拿轻放，不要损伤瓜皮，按级别用软纸逐个包装，放在筐内或纸箱内储藏。临时储存时要尽量放在阴凉通风处，有条件的可储存在适宜温度和湿度的冷库内。在冬季长途运输时，还要用棉被和塑料布密封覆盖，以防冻伤。一般可储藏 2 周。

2. 建造冷库保鲜

丝瓜在冷库内储存，温度应在 10~12℃，相对湿度 95% 的环境条件下最为适宜，过高的温度容易腐坏，过低的温度易造成冷害，因此要选择合适的温度进行贮存。

四、包装和运输

1. 包装材料

包装材料应无毒、清洁、干燥、牢固、无污染、无异味，具有一定的通透性、防潮性和抗压性，宜便于取材及回收处理。包装容器宜选用塑料周转箱、瓦楞纸箱和保鲜袋等，塑料周转箱应符合 GB/T 5737 的规定，瓦楞纸箱应符合 GB/T 6543 的规定，保鲜袋以及内衬塑料保鲜袋材质应符合 GB 9687 和 GB/T 4456 的规定。

2. 包装方法

采收后的丝瓜应在清洁、阴凉、通风的环境中，挑选符合等级指标的丝瓜分别进行包装。丝瓜包装前宜预冷，使丝瓜快速降温至 13℃。使用泡沫塑料周转箱和纸箱包装时，可在包装箱内加衬塑料薄膜、保险袋等，摆放整齐。包装量应适度；用保险袋包装应排列整齐，松扎带口。同一包装内丝瓜的品种、产地、采收日期、等级应一致；包装内丝瓜的可视部分，应具有整个包装丝瓜的代表性。

3. 运输

运输是丝瓜产销过程中重要的环节，目前我国蔬菜物流发展迅速，除了之前经常采用的卡车或者货车运输，已经大力发展了冷链流通系统。蔬菜冷链物流是指蔬菜从采收到食用加工的整个物流链始终处于规定的、生理需要的低温条件，冷链物流是保持蔬菜采后品质、提高蔬菜物流质量、降低物流损耗最有效、最安全的方法。运输工具应清洁、卫生、无污染、无杂物，具有防晒、防雨、通风、控温和控湿措施。装载时丝瓜的包装箱或包装袋应合理摆放、稳固、通风、防止挤压。装、卸载时应轻装、轻卸，采用平托盘装卸载时，应有保护措施。丝瓜运输过程中的温度和湿度应与贮存条件相同，并不宜与易产生乙烯的果蔬混运。

4. 全国重要蔬菜批发市场

（1）山东寿光蔬菜批发市场。始建于1984年3月，现已迁建，以规模大、档次高、品种全闻名全国。市场规划占地面积近千亩，年成交蔬菜近百亿千克，交易100多亿元。市场交易品种齐全，南果北菜，四季常鲜，年上市蔬菜品种300多个，全国20多个省、自治区、直辖市的蔬菜来此大量交易，是中国最大的蔬菜集散中心、价格形成中心、信息交流中心和物流配送中心。

（2）北京新发地农产品批发市场。北京市交易规模最大的农产品专业批发市场，在全国同类市场中也具有很大的影响力。市场现占地面积1 200多亩，总建筑面积近30万平方米，有管理人员1 736名（其中保安员400多名），总资产11.8亿元。该农产品批发市场是一处以蔬菜、果品、肉类批发为龙头的国家级农产品中心批发市场。

（3）金华农产品批发市场。金华农产品批发市场2001年9月28日开业，其前身为建立于1990年的金华市果菜批发市场。该市场由金华市供销社投资建设，是全国"菜篮子"工程项目，为农业部定点农产品批发市场、全国十大果品批发市场、全国优秀果品批发市场、浙江省农业龙头企业、省重点农产品批发市场和省二星级文明规范市场。

（4）深圳布吉农产品中心批发市场。深圳布吉农产品中心批发市场是全国首批农业产业化龙头企业，是国家级中心批发市场和深圳市"菜篮子"重点工程。目前中国最大的农产品集散中心、信息中心、价格指导中心和转口贸易基地。

（5）广州江南果菜批发市场。广州市最具规模的果菜批发市场，也是中国乃至东南亚地区最大的果菜集散地之一。市场占地面积达 40 万平方米，主要经营蔬菜、水果两个大类近千个品种的果蔬产品，蔬菜交易量一直稳居全国第一，蔬菜交易区占地面积 18 万平方米，拥有 500 多家经销大户。每天的蔬菜成交量达 1 000 万千克，占广州市蔬菜上市量 70%，逐步成为粤港澳地区果菜进出口的重要集散地。

（6）青岛城阳蔬菜水产品批发市场。青岛市重点"菜篮子"工程，是一座综合性、多功能、现代化的大型农产品批发市场。

（7）长沙红星农副产品大市场。湖南省规模最大、功能最齐全、集散能力最强、经营品种最多、配套设施最完善的农副产品大市场，2002 年被国家九部委联合评定为国家级农业产业化龙头企业。

（8）南京农副产品物流中心。南京农副产品物流中心坐落在南京市江宁区高桥门地区，为政府主导、企业化运作的特大型"菜篮子"工程。项目规划占地 3 000 亩，概算投资 30 亿元，总建筑面积约 150 万平方米。园区分设展示、交易、冷藏物流配送、综合商务配套三大功能区，集农副产品检验检测、电子信息结算、食宿娱乐于一体，是一个面向中国东部地区，高集聚、强辐射、现代化的"中国长三角菜篮子中心"。

（9）合肥徽商城农产品批发市场。它是安徽省"861"计划和合肥市"1346"计划重点支持项目，是安徽省重点农产品批发市场和合肥市农业产业化龙头企业，总投资 15 亿元，总占地面积 678 亩，总建筑面积约 26.6 万平方米。

主要参考文献

胡永军, 王来芳, 徐美荣 .2009. 大棚丝瓜高效栽培技术 [M]. 济南：山东科学技术出版社 .

郎德山 . 2015. 新编蔬菜栽培学各论 [M] 长春：吉林教育出版社 .

王新文 . 2008. 保护地苦瓜丝瓜种植难题 100 法破解 [M]. 北京：金盾出版社 .

朱振华 .2001. 寿光棚室蔬菜生产实用新技术 [M]. 济南：山东科学技术出版社 .

赵志伟 . 2017. 寿光"保鲜丝瓜"怎么种，每亩年收益 10 万 ~12 万元 [J]. 中国蔬菜（6）: 36.